機能的シャック・スタイル集

「百聞は一見に如かず」ということわざのとおり，まずは本題に入る前に国内外の素晴らしいシャックの例をいくつかご紹介をしましょう．

ここでは無線のために特別にしつらえた部屋に，数多くの機器を所狭しと配置した本格的なシャックから，書斎の一角に無線のためのスペースを設けて，コンパクトながらセンス良く構築されたシャックなど，大小さまざまなパターンを集めてみました．どれをとっても筆者が推奨する「機能的で美しいシャック」を実現しているものばかりですから，この中からご自分の環境に合った形でマネをしたり，いいとこ取りをしたり，今後のシャック構築の参考にしていただければ幸いです．

JA1PFP
吉田さんのシャック

Shack 1

　機能的シャック・スタイル集のトップを飾るのは，専用の部屋に手作りのデスクやラックで構築されたJA1PFP吉田さんのシャックです．

　数多くの無線機や周辺機器がありながら機能的かつ整然と配置してあるため，とても使い勝手の良いシャックになっています．また，メイン・デスクの後ろ側には工作用のデスクが配置されているため，自作派にとっては理想的なシャック構成といえるでしょう．

　サブ・シャックは，木材を多用した温かみのある雰囲気で，メイン・シャックとは一味違った仕上がりになっています．

シャック構築ハンドブック　機能的シャック・スタイル集

サブ・シャックで運用するJA1PFP 吉田さん

JH1OXX
雨宮さんのシャック

Shack 2

　JH1OXX 雨宮さんは自室の一角にシャックを構築しています．無線機を載せているラックはユニット家具を利用して自作したもので，ラックとデスクを分離する構造となっています．ラックの足にはキャスターが取り付けてあるため，移動が簡単にでき，前に引き出せば，背面の配線作業がしやすくなるよう工夫しています．新築の際にケーブル類が露出しないよう壁に通し，LAN関連もデスク後ろ側の棚に集約にするなど美観にも配慮．QSLカードの収納は，強度を考えてスチール製キャビネットを使用し，エンティティーごとにインデックスを付けて，きれいに整理

シャック構築ハンドブック　機能的シャック・スタイル集

されています．

　雨宮さんのシャックは，とてもスッキリした印象を受けます．メインPCのモニタは中央に設置し，デスク左側にある小型のノートPCをサブとして利用しています．棚の左下段には，気象観測装置のコンソールを置いてあり，観測装置から送られてくる外気温，湿度，気圧，風向，風速，雨量，日射量，UV放射量のデータを表示させています．これらの情報は，「即座に気象情報を，QSO内容に反映でき，とてもFBです」とのことでした．

　また，シャックの入り口に「ON-AIR」の電光板が置いてあり，シャックの雰囲気作りに一役買っています．このような小物があると，モチベーションアップにも繋がっていきます．

オレンジの壁紙が印象的なシャック．右側のデスクには無線機類，左側のデスクにはPCやオシロスコープなどを配置してあり，それぞれのエリアの目的が明確になっている

JA8EIU
本田さんのシャック

Shack 3

　JA8EIU 本田さんは，自宅のリフォームを機に大人の隠れ家的シャックを構築しました．イタリアの雰囲気を演出するためオレンジ色の壁紙を張られており，とてもおしゃれな印象を受けます．

　デスクは，機器の配置換えやメインテナンスを簡単にできるようにするため，キャスター付きのPC用ラックを2台使用．同軸ケーブルは，ダクトを利用して天井裏から床面まで下ろしてあるため，これだけでシャック全体の雰囲気がスッキリします．

　工具，線材，部品，そのほかの捨てがたいガラクタなどは壁面整理棚に収納．クローゼット風の扉を閉じると収納してあるガラクタ類が一瞬で消

シャック構築ハンドブック　機能的シャック・スタイル集

お気に入りの大人の隠れ家で寛ぐJA8EIU 本田さん．無線をやらないときは，ここで音楽鑑賞もするそうだ

スポットライトで照らされたピカソの絵画（複製）．とかく無機質な機器類で埋まりがちなシャックだが，このような装飾があると，それだけでくつろげる空間に変化する

滅し，おしゃれな小部屋に早変わりします．

　壁面整理棚の隣にはカップボードをしつらえ，そこにアワードの副賞カップやミニカー・コレクションなどを陳列．壁面にはスポット・ライトに照らされた絵画も飾られており，コンセプトどおり，大人の隠れ家的なシャックとなっています．

K4SWJ William D McDowellさんのシャックは，まるで航空機のコクピットのようなラックに機器がきっちり収まっているところが特徴．この形にするまで，かれこれ20年くらいかかっているそうだ

K4SWJ McDowellさんのシャック　Shack **4**

Fernando Cesar Laguardiaさんのシャックはキャビネットにデスクを組み合わせ，中央に大型モニターをビルトインした独特なデザイン．背面アクセスも可能だ

PY4BZ Laguardiaさんのシャック　Shack **5**

アマチュア無線運用シリーズ

シャック構築 ハンドブック

機能的で美しいシャック作りのためのノウハウを解説

JI1DLD 小原 裕一郎 [著]

CQ出版社

はじめに

　本書は，これから開局またはカムバックを考えている方から，すでに開局していて引っ越しやライセンスのグレードアップなどを機にシャックの再構築を検討しているベテランの方まで，幅広い方々を対象として，機能的で美しいシャック作りを行うための考え方やノウハウなどをまとめたバイブルです．

　ひとことにシャック構築といっても，住居タイプ，割けるスペース，無線機の台数，運用周波数帯，目指すシャック像などは人によってまちまちですから，本書ではさまざまな運用スタイルに対応するため，いくつかのタイプに分類して解説を行い，体系的でわかりやすい構成としてあります．また，自分にフィットするタイプが見当たらない場合でも，本書で紹介しているノウハウやアイデアを組み合わせることによって，自分好みの最適なシャック構築が行えるよう工夫を凝らしてあります．

　機能的で美しいシャックを構築するということは，単に操作性や見栄えが良くなるだけではなく，インターフェア発生のリスクを低減したり，時には家庭内SWR（家族からの冷たい視線や反対など）の上昇を抑える効果があるなど，マイナス要素の払拭にも貢献します．もちろん，誰に見せても恥ずかしくない整然としたシャックを構築すれば，いつも気持ちの良い環境で運用することになりますから，ご自身の無線に対するモチベーション・アップにも繋がります．

　ご自分の運用スタイルにフィットした機能的で美しいシャックを構築することは，末永く無線を楽しむための重要なファクターといえます．本書は，これを実現するためのノウハウやアイデアを数多く紹介してありますから，ぜひ参考にしていただき，充実したハムライフを送っていただければ幸いです．

JI1DLD　小原　裕一郎

もくじ

機能的シャック・スタイル集 ……………………………………………………… 1
- Shack1　JA1PFP 吉田さんのシャック ………………………………………… 2
- Shack2　JH1OXX 雨宮さんのシャック ………………………………………… 4
- Shack3　JA8EIU 本田さんのシャック ………………………………………… 6
- Shack4　K4SWJ McDowellさんのシャック …………………………………… 8
- Shack5　PY4BZ Laguardiaさんのシャック …………………………………… 8

はじめに …………………………………………………………………………… 10

第1章　シャック構築前の青写真 ……………………………………… 14

1-1　機能的で美しいシャックのすすめ ………………………………………… 14
- 機器が増えることを想定する ……………………………………………… 14
- ヒントはQRZ.COMにある ………………………………………………… 15
- 機能的に構築することの意義 ……………………………………………… 15
- まとめ ………………………………………………………………………… 16

1-2　無線機とPCはセットで考える ……………………………………………… 17
- Turbo HAMLOG for Windows ……………………………………………… 17
- QRZ.COM ……………………………………………………………………… 17
- クラスタ(総称) ……………………………………………………………… 18
- PCの使い勝手も考慮する …………………………………………………… 19

1-3　スペースや配置の確認 ……………………………………………………… 20
- 運用スタイルをイメージする ……………………………………………… 20
- シャックとアンテナの位置関係も考慮する ……………………………… 21

コラム①　AB1OC Kemmererさんの青写真 …………………………………… 22
コラム②　JF1KMC 貝塚さんの青写真 ………………………………………… 23

第2章　運用スタイル別の物理的要件 ……………………………… 24

2-1　V/UHF中心の運用スタイル ………………………………………………… 24
- V/UHFミニマム運用スタイル ……………………………………………… 24
- V/UHFコンパクト運用スタイル …………………………………………… 24
- V/UHF本格運用スタイル …………………………………………………… 26

2-2　HF中心の運用スタイル ……………………………………………………… 27
- HFコンパクト運用スタイル ………………………………………………… 27
- HFスタンダード運用スタイル ……………………………………………… 28
- HF本格運用スタイル ………………………………………………………… 31

2-3　HF〜UHFまでカバーする運用スタイル …………………………………… 31

コラム③　HFコンパクト運用スタイルにピッタリのアイコム IC-7300 ……… 33
コラム④　Shack6　JI1DLD 筆者のシャック ………………………………… 34

もくじ

第3章　シャックの基本設計 ·· 36

- 3-1　設計前の確認事項 ·· 36
  - シミュレーションの前提条件 ·· 36
  - 設計上の注意点 ·· 36
- 3-2　実際のシミュレーション ·· 39
  - 4.5畳部屋の特徴 ·· 39
  - 4.5畳の配置例① ·· 40
  - 4.5畳の配置例② ·· 41
  - 4.5畳の配置例③ ·· 42
  - 6畳部屋の特徴 ·· 43
  - 6畳の配置例① ·· 44
  - 6畳の配置例② ·· 45
  - 6畳の配置例③ ·· 46
  - 8畳部屋の特徴 ·· 47
  - 8畳の配置例① ·· 48
  - 8畳の配置例② ·· 49
  - 8畳の配置例③ ·· 50
  - 背面アクセスの配置例 ·· 51

  - コラム⑤　背面アクセスの配置は，こんなに便利！ ·· 52
  - コラム⑥　Shack7　VK6IA Albinsonさんのシャック ·· 54

第4章　エクイップメント選びと入手方法 ·································· 56

- 4-1　デスク編 ·· 56
  - デスク選びのポイント ·· 56
  - デスク選びの注意点 ·· 57
  - デスクの入手方法 ·· 59
- 4-2　チェア編 ·· 60
  - チェア選びのポイント ·· 60
  - チェア選びの注意点 ·· 62
  - チェアの入手方法 ·· 63
- 4-3　PC編 ·· 64
  - PC選びのポイント ·· 64
  - スペック ·· 65
  - OS ·· 66
- 4-4　周辺機器編 ·· 66
  - 周辺機器選びのポイント ·· 66
  - POWER & SWRメータ ·· 66
  - ダミーロード（終端抵抗器） ·· 67
  - 安定化電源 ·· 67
  - アンテナ・チューナ ·· 68
  - 同軸切替器 ·· 69
  - 時計 ·· 70

  - コラム⑦　周辺機器の入手方法 ·· 72

もくじ

第5章　インフラ関係の構築　……………………………………74

- **5-1** 同軸ケーブルの挿入口 …………………………………………………… 74
  - 既存の穴を利用する ………………………………………………… 74
  - 新規に穴をあける …………………………………………………… 75
- **5-2** 電源設備 …………………………………………………………………… 77
- **5-3** 各種フィルタ類 …………………………………………………………… 78
- **5-4** インターネット環境 ……………………………………………………… 80

　　　コラム⑧　同軸ケーブルの取り入れ方法 ……………………………… 81
　　　コラム⑨　Shack8　N7MA Avakianさんのシャック ……………… 82

第6章　機器の配置方法　………………………………………84

- **6-1** 配置の基本的な考え方 …………………………………………………… 84
  - 無線機 ………………………………………………………………… 85
  - マイク ………………………………………………………………… 85
  - PC関連機器 …………………………………………………………… 86
  - 周辺機器 ……………………………………………………………… 87
  - ケーブル類の取り回し方 …………………………………………… 88
  - 工具と作業用ラック ………………………………………………… 91
  - シャックならではの備品 …………………………………………… 92
- **6-2** 便利グッズの活用法 ……………………………………………………… 93
  - 卓上ラック …………………………………………………………… 93
  - カラー・ボックス …………………………………………………… 94
  - 100円ショップのグッズ …………………………………………… 95

　　　コラム⑩　筆者のシャックで使いやすさを体験！ …………………… 97

第7章　総　括　…………………………………………………98

- **7-1** 環境に合ったベストな構築をしよう …………………………………… 98
- **7-2** 海外局のシャック紹介 …………………………………………………… 99
  - AB1OC/AB1QB ……………………………………………………… 100
  - VE6WZ ………………………………………………………………… 102
  - N4FNB ………………………………………………………………… 102
  - G0SEC ………………………………………………………………… 103
  - W2PA …………………………………………………………………… 103
  - EA5AX ………………………………………………………………… 104
  - KG7YC ………………………………………………………………… 104
  - EI7BA …………………………………………………………………… 105
  - OT4A …………………………………………………………………… 105
  - W9EVT ………………………………………………………………… 106

索引 …………………………………………………………………………………… 108
著者プロフィール …………………………………………………………………… 111

第1章
シャック構築前の青写真

ひとことでシャック構築といっても，これから新たに開局するケースから，長年運用をしていてリニューアルを兼ねて再構築をするケースまで，人によってスタートラインや規模はさまざまです．とはいえ，どのようなシチュエーションでも実作業に入る前の段取りはたいへん重要で，ここを軽視したり割愛してしまうと，完成度がいま一つだったり，あとで不都合が生じて後悔することになります．そこでここでは，シャック構築の前に抑えておかなければならない，いくつかのポイントについて解説します．

 ## 1-1　機能的で美しいシャックのすすめ

機器が増えることを想定する

　筆者が考える「機能的で美しいシャック」とは，無線機の前に座ったときにすべての操作がしやすく，誰に見せても恥ずかしくない，整然としたセンスの良いシャックを指します．

　では，具体的にはどのようなことなのか，順を追って説明していきましょう．

　無線はライセンスやコールサインを取得して，無線機やアンテナを買ったらすぐに電波を出せるというわけではありません．

　例えば，DC電源タイプの無線機ならば安定化電源を用意したり，無線機とアンテナを同軸ケーブルで接続したり，POWER & SWRメータやアンテナ・アナライザを使ってアンテナのマッチングを取ったり，電波を出す前にさまざまな準備をする必要があります．この際に使った周辺機器は，いつも使うかどうかは別にしてシャックのどこかに置くことになりますが，時間を重ねるにつれ，

写真1-1　長年無線をやっていると，このように機器が増えてくる

第1章　シャック構築前の青写真

図1-1　多くの海外局が利用しているQRZ.COMのページ

少しずつ無線機や周辺機器が増えていき，いずれシャックはさまざまな機器で埋め尽くされてしまいます（**写真1-1**）．

すると，当初はスムーズにできていた無線機の操作も，手元にある機器を一旦どかしてからでないと操作ができなくなるなど，操作に支障をきたすようになってきます．

影響はそれだけではなく，多くの機器が折り重なるように置かれていたり，コード類がむき出しで，こんがらがっていたりすると，見た目もたいへん悪くなるため，とても他人に見せる気にはならないでしょう．

ヒントはQRZ.COMにある

筆者がQSO中によく利用している「QRZ.COM（http://www.qrz.com/）」（**図1-1**）では，世界中のさまざまな局のシャックを見ることができます

が，とりわけ海外の局はインテリアを含め，整然としたセンスの良いシャック作りをしている傾向があります．このようなシャックをよく見てみると，やはり無線機は操作をしやすい場所へ配置してあり，デスク上に周辺機器を乱雑に置いていないため，とても機能的で洗練された印象を受けます．筆者がシャック構築に力を入れ始めたきっかけの一つは，QRZ.COMに掲載されているセンスの良いシャックを見て刺激を受けたからで，それ以来，QRZ.COMで世界中の人から見られても恥ずかしくないオリジナルのシャック・スタイルを目指して模索を続けてきました．

多くのデバイスがデジタル化され，インターネットを介したコミュニケーションがポピュラーになっている現在は，QRZ.COMのようなWebサイトを有効利用することで，相手局に自分が使っているリグやアンテナをビジュアルで伝えることができるため，言葉よりも正確に情報伝達ができ，話が盛り上がるきっかけにもなります．実際，筆者はQSO中にQRZ.COMを見た相手局から「素敵なシャックですね」と言われたことが何度かありますが，お世辞半分としても嬉しいものですし，もっとセンスの良いシャックにしようという意欲も湧いてきます．

機能的に構築することの意義

話は少し戻りますが，冒頭に出てきた「機能的」という点について，もう少し掘り下げていくことにしましょう．通常，無線機は事務用デスクかテーブルを利用して設置しますが，これらは天板の高さが70cm前後のものが大半です．実は，ここへ無線機を直に置いてしまうと，操作パネルの位置は大型の固定機でも目線よりかなり下になって

シャック構築ハンドブック | 15

写真1-2 デスク上にリグを直置きすると上からのぞき込む形になる

しまい，若干，上からのぞき込んで操作する形になります（**写真1-2**）．この状態で長時間運用していると疲れてしまううえ，アナログ式のSメータを採用している無線機では角度によって針の位置を正確に読めないことがあり，シグナル・レポートの交換にも支障が出る可能性があります．

また，無線機の台数が増えてくると仕方なく何段も積み重ねて置いてしまいがちですが，この方法では上のほうにある無線機は目線より上にくるため見づらくなり，ダイヤルやツマミの操作も腕を目いっぱい伸ばして行うことになるため，むしろ直置きでのぞき込む形より操作がやりにくくなります．しかも，無線機を何段も積み重ねるということは，下の無線機には上の無線機の重みがもろに加わるため，下手をすると天板が凹んだり，傷ついたりすることがあるうえ，風通しが悪くなるため放熱性にも悪影響を及ぼしてしまいます．何台もの無線機が積み重なっているようすは，精悍で一見すると見栄えは良いのですが，あまりオススメできる設置方法ではありません．

一方で無線機や周辺機器が増えてくると，それに伴って機器同士を接続するためのコード類も増えてきます．これを無造作に放置しておくと，機器間で干渉が発生して誤動作をしたり，スプリアスが発生してインターフェアの原因になるなど，思いもよらない悪影響が出てきます．

もちろん，前述のとおり目に見える場所にコード類が散乱していると，とても見栄えが悪くなってしまいます．

とりわけ，機器間の干渉やインターフェアが発生した場合は，原因箇所の切り分けをするためにコードを1本ずつたどっていかなければならず，これには大変なエネルギーが必要になります．細かいことですが，このような事態に陥らないためにも，シャック構築時にはコードの取り回し方やまとめ方に注意を払う必要があります．ここをきちんと処理しておけば，前述のような不具合を避けられるばかりか，機器の移動や入れ替えの際も楽に作業を進められるため，面倒がらずに実践することをオススメします．

まとめ

このように，機能的で美しいシャックを構築するということは，結果的に運用中のミスやトラブルを未然に防ぐ効果があり，誰に見せても恥ずかしくない整然とした環境で運用していれば自然と清々しい気持ちになるため，無線に対するモチベーション・アップにも繋がります．

何事も最初が肝心といいますが，無線の場合は最初に構築するシャックの良し悪しが，その後のハムライフが充実したものになり，一生の趣味として継続できるかどうかの分岐点になると筆者は考えています．その意味でも，ぜひ本書を参考にして「機能的で美しいシャック」の構築にトライしてみてください．

 1-2　無線機とPCはセットで考える

　最近の無線局運用ではパソコン（以下，PC）は切っても切れない存在になっています．例えば，多くの方が，「Turbo HAMLOG」などのログ・ソフトを使っているほか，世界最大のコールサイン・データベースとして有名な「QRZ.COM」，リアルタイムでどのような局がオン・エアしているのかがわかる「クラスタ（総称）」など，現在は無線機とPCを併用して運用するのが標準的なスタイルとなっています．

　では，ここで前述の「Turbo HAMLOG」，「QRZ.COM」，「クラスタ（総称）」とは，どのようなものなのか簡単に触れておきましょう．

Turbo HAMLOG for Windows

　JG1MOU 浜田氏が開発した「Turbo HAMLOG」は，国内の数多くの局（数万局レベル）が利用しているWindows PC用のログ・ソフト（**図1-2**）で，もちろん筆者もユーザーの一人です．

　このソフトを起動して入力ウィンドウから相手局のコールサインを入力すると，日付と時刻が自動挿入され，さらにユーザーリストに登録してある局ならば氏名，QTH，JCCやJCGコード，GL（グリッドロケータ），自己紹介文などが瞬時に表示されます．QSO中は何かと忙しいものですが，このソフトを使えば最小限の入力で多くの情報を記録することができるため，日常のQSOはもちろん，コンテストではたいへん威力を発揮してくれます．このほか，データ検索，wkd/cfm管理，QSLカード印刷，リグ・コントロール，電子QSLなど豊富な機能を備えており，フリーソフトでありな

図1-2　日本で人気の高いログ・ソフトのTurbo HAMLOG

がら，ログ入力からQSLカード管理までカバーする至れり尽くせりのソフトといえます．

QRZ.COM

　QRZ.COMは，任意登録ながら世界中の多くの局が利用している国際的なコールサイン・データベースです．本になっているコールブックと違って，Webサイトと同様に写真や動画なども掲載できるため，多くの情報を視覚的に伝達できるメリットがあります．また，本人が必要に応じて更新できるため，まるで無線版のWebサイトやブログを運営している感覚で楽しむことができます．

　メニューは，Biography（自己紹介），Detail（QTH，マップ，GL，ライセンス，QSL交換方法など無線局の基礎情報），Logbook（QSOログ）の三つから構成されています．とりわけ，Biographyは自由に記載できることから，無線機やアンテナの紹介をはじめ，クルマやペットなどプライベートなことまで紹介されていることがあるため，ここを見るだけで相手局の設備や人となりがわかり，

図1-3　筆者がQRZ.COMに掲載してあるBiography(一部抜粋)

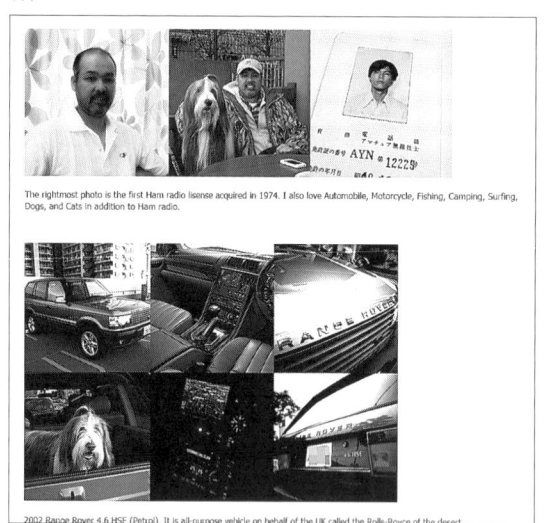

QSOをする際はとても参考になります(**図1-3**).

クラスタ(総称)

クラスタとは，オン・エアしている局のコールサイン，周波数，運用モードなどがリアルタイムでわかる掲示板のようなものです．国内局の情報は「J-クラスタ(**http://qrv.jp/**)」(**図1-4**)，DX局の情報は「DXSCAPE(**http://www.dxscape.com/**)」(**図1-5**)を利用するのが一般的です．

インターネットがなかった時代は，オン・エアしている局を探すために長時間VFOを回し続けなければなりませんでしたが，最近はクラスタがあるおかげで効率的に相手局を探すことができる

図1-4　J-クラスタの情報画面．刻々と情報がアップされる

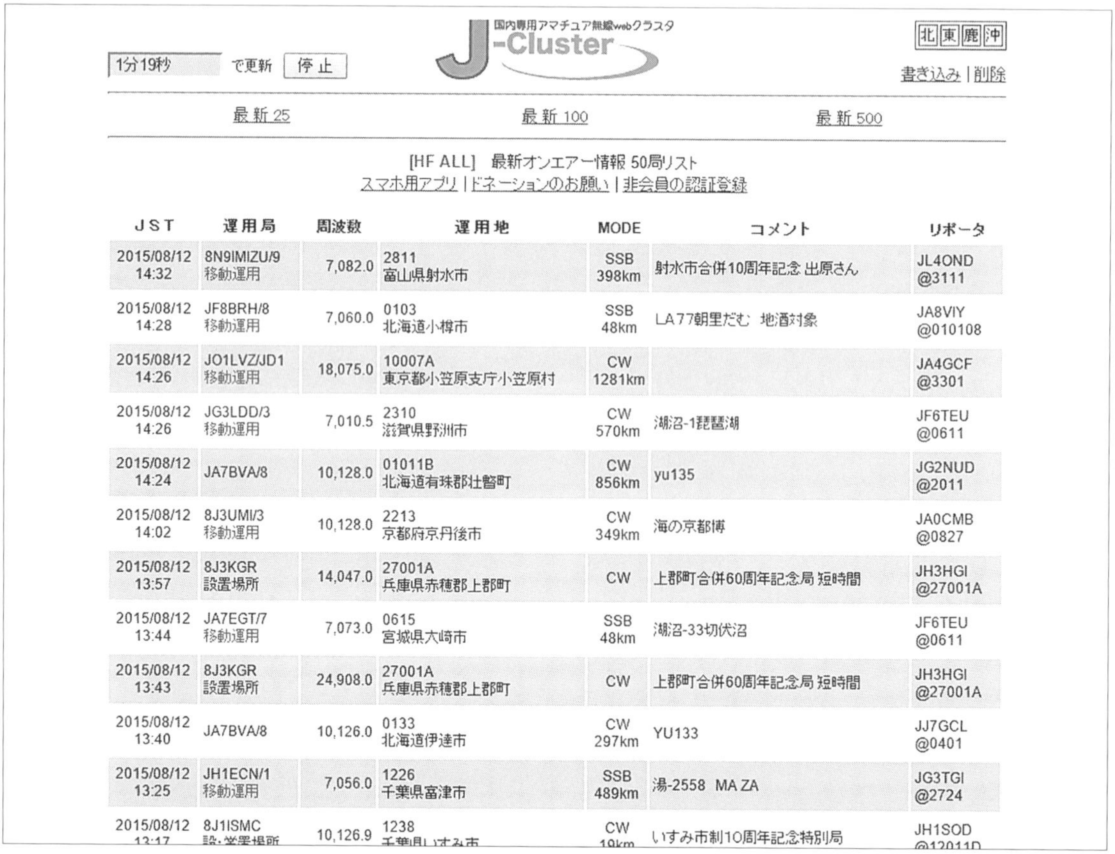

JST	運用局	周波数	運用地	MODE	コメント	リポータ
2015/08/12 14:32	8N9IMIZU/9 移動運用	7,082.0	2811 富山県射水市	SSB 398km	射水市合併10周年記念 出原さん	JL4OND @3111
2015/08/12 14:28	JF8BRH/8 移動運用	7,060.0	0103 北海道小樽市	SSB 48km	LA77朝里だむ　地酒対象	JA8VIY @010108
2015/08/12 14:26	JO1LVZ/JD1 移動運用	18,075.0	10007A 東京都小笠原支庁小笠原村	CW 1281km		JA4GCF @3301
2015/08/12 14:26	JG3LDD/3 移動運用	7,010.5	2310 滋賀県野洲市	CW 570km	湖沼-1琵琶湖	JF6TEU @0611
2015/08/12 14:24	JA7BVA/8	10,128.0	01011B 北海道有珠郡壮瞥町	CW 856km	yu135	JG2NUD @2011
2015/08/12 14:02	8J3UMI/3 移動運用	10,128.0	2213 京都府京丹後市	CW 349km	海の京都博	JA0CMB @0827
2015/08/12 13:57	8J3KGR 設置場所	14,047.0	27001A 兵庫県赤穂郡上郡町	CW	上郡町合併60周年記念局 短時間	JH3HGI @27001A
2015/08/12 13:44	JA7EGT/7 移動運用	7,073.0	0615 宮城県大崎市	SSB 48km	湖沼-33切伏沼	JF6TEU @0611
2015/08/12 13:43	8J3KGR 設置場所	24,908.0	27001A 兵庫県赤穂郡上郡町	CW	上郡町合併60周年記念局 短時間	JH3HGI @27001A
2015/08/12 13:40	JA7BVA/8	10,126.0	0133 北海道伊達市	CW 297km	YU133	JJ7GCL @0401
2015/08/12 13:25	JH1ECN/1 移動運用	7,056.0	1226 千葉県富津市	SSB 489km	湯-2558　MA ZA	JG3TGI @2724
2015/08/12 13:17	8J1ISMC 設・営置場所	10,126.9	1238 千葉県いすみ市	CW 19km	いすみ市制10周年記念特別局	JH1SOD @12011D

第1章　シャック構築前の青写真

図1-5　DXSCAPEの情報画面．さすがに国際色豊かだ

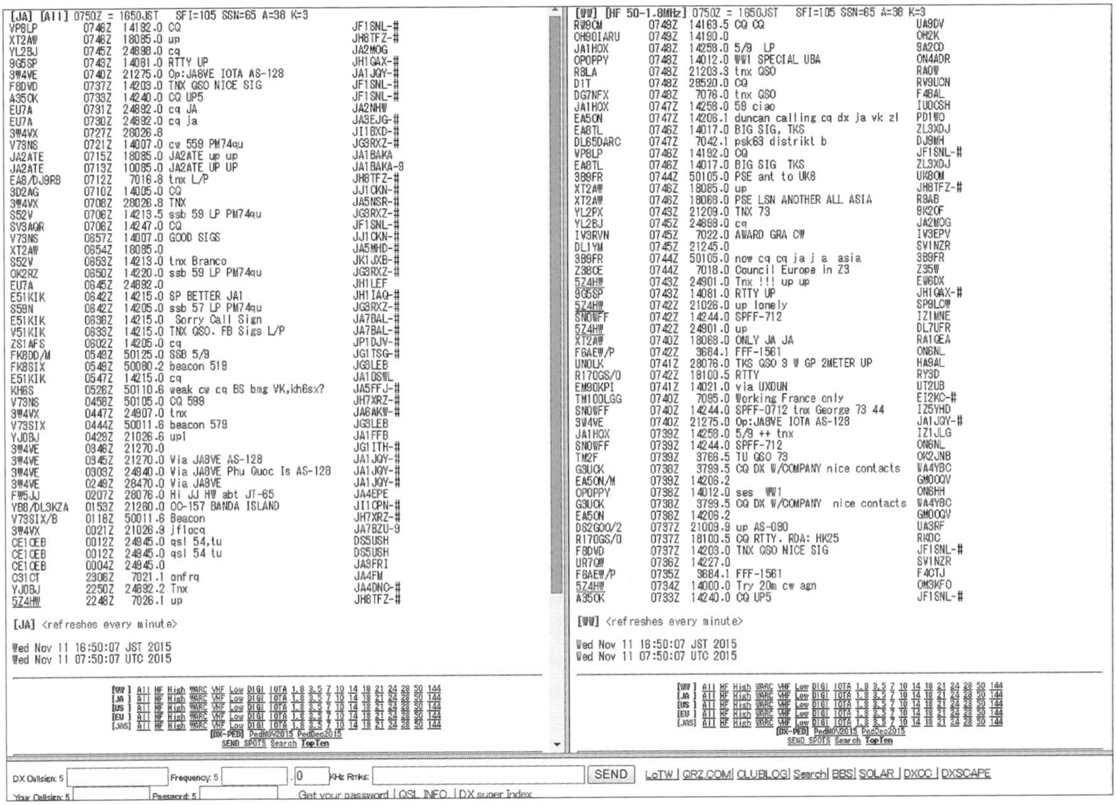

PCの使い勝手も考慮する

ようになりました．ただ，利用している局が多いため，ひとたび情報がアップされるとDX局の場合はすさまじいパイルアップになりがちです．このため，いち早くDX局を見つけて楽にQSOをしたいならば，クラスタだけに頼らず，通常のワッチと併用することをオススメします．

　現在，筆者のシャックには大型のHF機が3台，中型のオールバンド機が1台，モービル機が2台，合計6台の無線機があります．このうちメインで使用しているのは大型のHF機2台で，これらをシャックの中心に据える形でほかの無線機や周辺機器を配置してあります．PCやインターネットが存在

しない時代ならば，これでシャック構築はほぼ完了ですが，前節でも述べたとおり，現在の無線運用ではPCを抜きにして考えることはできません．したがって，これからシャック構築をする場合は，無線機とPCの両方の使い勝手を意識しながらスペースや配置を決めていく必要があります．

　では，PCはどのような場所に配置したら使いやすいのでしょうか？　まず，デスクトップPCの場合は，モニタはメインで使っている無線機のすぐ上，そしてキーボードやマウスは無線機の正面手前に配置するのが理想的な配置といえます．こうすることで視線や手の移動が少なくて済み，スムーズな運用が可能となるからです．なお，本体は仮に大きなタワー・タイプであっても足元に

シャック構築ハンドブック | 19

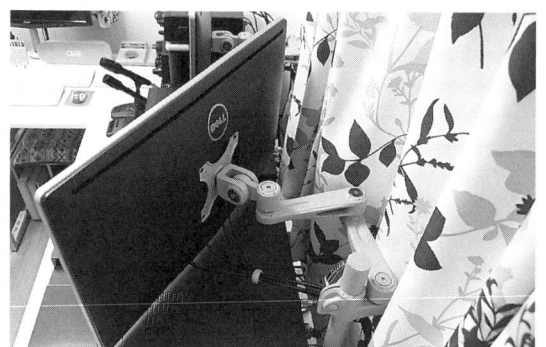

写真1-3 モニタを自由な位置に配置できるモニタ・アーム

置いてしまえば邪魔になることはないため，あまり気にする必要はないでしょう．

ただ，モニタを無線機の上に直に置くのは不安定になるうえ，下手をすると無線機にダメージを与えかねないため，あまりオススメはできません．このような問題を解決してくれるのが，最近流行りのモニタ・アームです（**写真1-3**）．

詳細については第4章で解説しますが，これを使えば無線機の上の最適な場所にモニタを配置することができるため，とても便利なアイテムといえます．

次にノートPCの場合は，その形状から必然的にメインで使っている無線機の左右どちらかの手前に配置することになります．一般的にはコンパクトさがウリのノートPCですが，シャックでは無線機がデスクの中央に鎮座していることが多いため，奥行きが一定以上（最低でも60cm以上）あるデスクでないと，画面が近すぎて見にくくなるばかりか，手元が手狭になって操作がしづらくなります．したがって，手元のスペースは十分に確保しておく必要があります．

このように，最近のシャックでは無線機の操作性を犠牲にすることなく，PCの使い勝手にも配慮しなければならないため，あらかじめ無線機プラスアルファのスペースを確保しておくことはもちろん，使用するPCのタイプに応じて無線機や周辺機器の配置を工夫する必要があります．

 1-3 スペースや配置の確認

運用スタイルをイメージする

無線という趣味に興味を持ち，一生懸命，勉強をしてハムになったからには，いずれは広い敷地にタワーを建てて，広々としたシャックで思う存分，無線を楽しんでみたいといった憧れを持っている方は少なくないでしょう．しかし，それを実践できるのはごく一部の限られた方で，多くの方は住宅事情や費用的な制約がある中で，何とかシャック・スペースを確保して運用しているのが実情ではないでしょうか．

とりわけ，新規に開局しようとする場合や長い

QRTを経てカムバックする場合に問題となるのは，新たにシャック・スペースをどのように確保するかということです．それまでは無線のことをまったく意識しない形で家を選び，家具などを配置して生活していたわけですから，それも無理のない話です．筆者も約30年間のQRTを経て再開局を果たしたカムバック・ハムですが，当初はリビングルームの片隅にデスク一つ分のスペースを何とか確保して運用を始めました（**写真1-4**）．しかし，リビングルームでピーピー，ガーガーという音を出していれば家族から冷たい視線を浴びてしまいますし，当初思っていた以上に熱が入ってしまっ

第1章　シャック構築前の青写真

たせいで，すぐにデスクが手狭になり，ほかの部屋への移動を余儀なくされた経験があります．

したがって，これからシャック構築を行う場合は，まず自分はどのような運用スタイルを目指しているのか，それを実現するためにはどの程度のスペースが必要なのかという青写真をあらかじめ描いておくことが大切になります．では，実際にはどの程度のスペースが必要になるかというと，例えばPCラックをお持ちの場合，そこに間借りする形でコンパクトなリグを1台だけ置いてしまえば，新たにスペースを確保することなくスタートすることができます．この対極として，大型のハイエンド機を何台も並べて豪華なシャックに仕上げようとすると，最低でも6畳以上のスペースが必要になるでしょう．このように，自分が目指す運用スタイルで必要なスペースはいかようにも変化してしまいますが，運用スタイルが明確になっていない場合は，逆に今割けるスペースで最大限のことをするという考え方もあります．どちらを軸に考えるかは，人によって事情が異なるでしょうから，状況に応じて自分なりの青写真を描いてみてください．

シャックとアンテナの位置関係も考慮する

ある程度スペース確保のイメージができたら，次は家の中でどこが最適なのかを検討します．

この際，最も重要なのはシャックとアンテナの位置関係です．例えば，2階建ての1軒家の屋根に

写真1-4　再開局した当時は，リビング・ルームの片隅がシャックだった

ルーフ・タワーなどでアンテナを建て，1階にシャックを配置すると，同軸ケーブルはかなり長い距離が必要になります．このような場合，とりわけV/UHF帯では同軸ケーブルによる損失が大きくなってしまい十分な性能を発揮できなくなるばかりか，取り回しにも苦労を強いられてしまいます．スペース確保の関係で，どうしてもこのような位置関係になってしまう場合は，改めて同軸ケーブルの挿入口や取り回し方を考えてみたり，最後の手段としてアンテナの設置位置を変更するなど，可能なかぎり同軸ケーブルが最短距離で済むような工夫が必要となります．

したがって，シャック構築を始める際は，あらかじめ自分の運用スタイルに合ったスペース確保をすると同時に，シャックとアンテナの位置関係も考慮して青写真を描くようにしましょう．

コラム❶ AB1OC Kemmererさんの青写真

Shack Design - Room Layout

- Consider ergonomics, lighting and acoustics early
- Cooling and ventilation
- Access to rear of equipment, cable routing
- Storage
- Our Design:
  - Operating positions in corners
  - Amplifiers & large power supplies on floor/dollies
  - Suspended acoustical tile ceiling with recessed lighting
  - Dedicated heat pump and ventilation system
  - Cabinets and drawers for storage
  - A-V area, printer

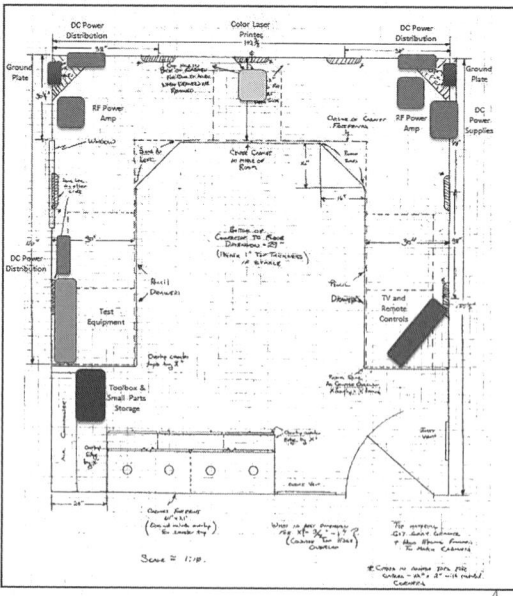

◀シャック・デザインと機器レイアウトの設計図
あらかじめこのような設計図を作っておくと、後のステップをスムーズに進めることができる

▶アンテナ・システム設計図
シャックに直接関係ないと思いがちだが、同軸ケーブルの引き込み位置や周辺機器の配置に関連するため作っておくとたいへん役立つ

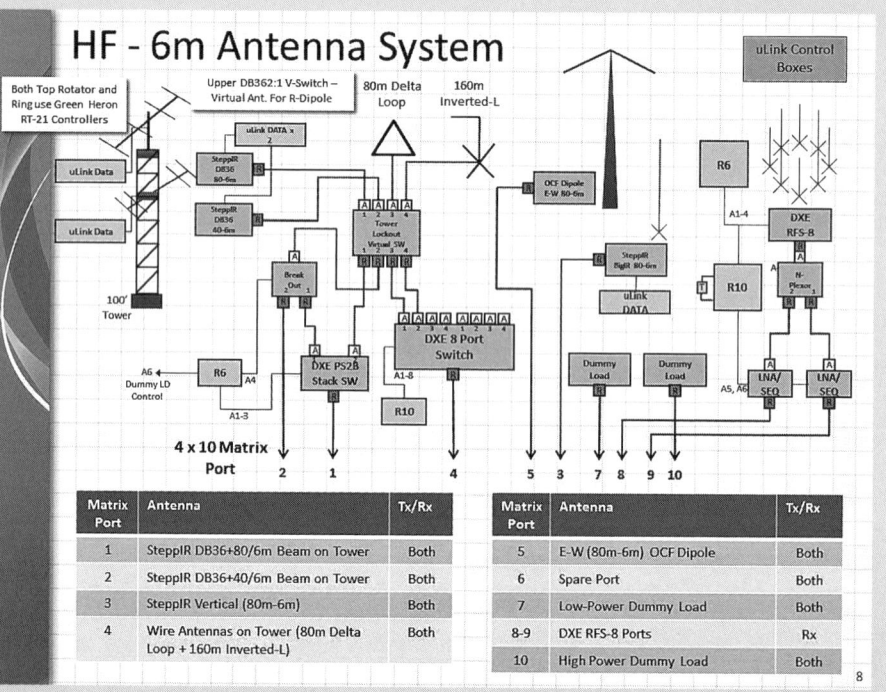

Matrix Port	Antenna	Tx/Rx
1	SteppIR DB36+80/6m Beam on Tower	Both
2	SteppIR DB36+40/6m Beam on Tower	Both
3	SteppIR Vertical (80m-6m)	Both
4	Wire Antennas on Tower (80m Delta Loop + 160m Inverted-L)	Both

Matrix Port	Antenna	Tx/Rx
5	E-W (80m-6m) OCF Dipole	Both
6	Spare Port	Both
7	Low-Power Dummy Load	Both
8-9	DXE RFS-8 Ports	Rx
10	High Power Dummy Load	Both

第1章　シャック構築前の青写真

コラム❷　JF1KMC 貝塚さんの青写真

青写真の一例として，JF1KMC 貝塚さんがCQ ham radio 2015年6月号で紹介した「移動式無線機ラックの製作」について，かいつまんで解説しましょう．

貝塚さんが移動式無線機ラックを製作しようとしたきっかけは，主に以下の3点です．

- 以前のラックでは新しい機器を載せたり，機器の入れ替えをしたりする際は配線ケーブルがどうなっているか調べるだけで一苦労だった．
- 時間の経過とともに，周辺機器が必ずしも操作しやすい位置にあるとは限らなくなってきた．
- PCモニタが高い位置にあったため，肩が凝って無線どころではなくなった．

いずれも無線を長年やっていると直面する課題ばかりですが，貝塚さんはそれらを改善するためにラックを自作することにし，最初に現在ある機器を効率良く使えるようにラックの配置図を描きました（図

写真1-A　現在のシャック

1-A）．この配置図を見ると，頻繁に操作したり見たりする無線機，リニア・アンプ，PCモニタ，キーボード（台はスライド式），ローテータ・コントローラなどが目線や手の位置に近い高さに配置されていて，まさに狙いどおりの設計になっています．

また，ラックの底面にはキャスターを取り付けて移動式とすることで，無理な姿勢で配線作業をせずに済むよう配慮されています．

このような青写真をあらかじめ描いていたおかげで，完成した移動式ラック（写真1-A）に機器を載せたり，入れ替えたりする際は広い場所で悠々とできるようになったとのこと．さらに，これまで周辺機器の細かい文字を読む際はライトを当てたり，鏡に映して見ていましたが，それもなくなり，作業効は格段にアップしたようです．

貝塚さんの例を見てもわかるとおり，シャック構築の際は無計画のまま進めてしまうよりも，あらかじめ青写真を描いておいた方が狙いどおりの結果となるため，じっくりプランを練ってから始めることが成功への近道といえます．

図1-A　検討した無線機器と周辺機器のレイアウト

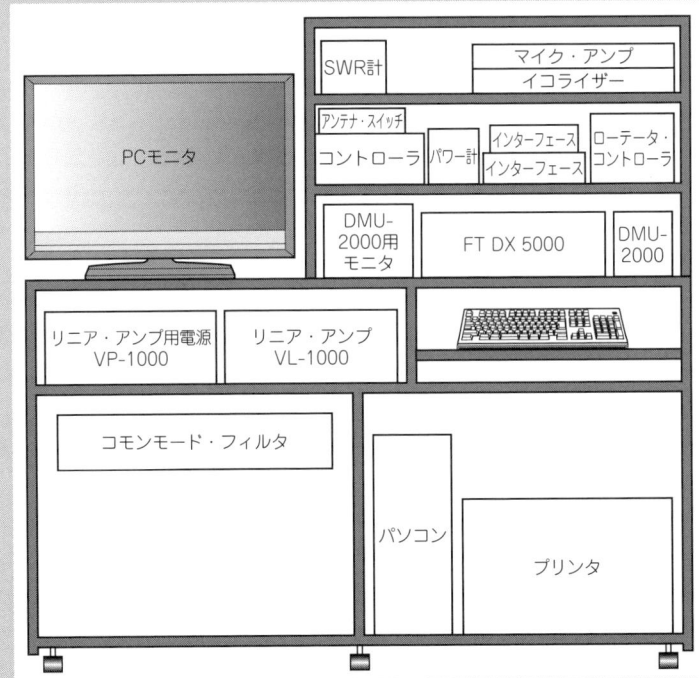

シャック構築ハンドブック　23

第2章
運用スタイル別の物理的要件

第1章では，シャック構築前に抑えておかなければならないポイントや青写真などについて解説してきました．しかし，いざシャックを構築しようとすると，自分が目指している運用スタイルとは裏腹に，割けるスペースが極端に狭いなど理想と現実がうまく噛み合わないことがあります．そこでここでは，想定される運用スタイル別（**表2-1**，**表2-2**）ごとに，**必要となる物理的要件**（住居タイプ，必要なスペース，デスク・サイズなど）を具体的に解説することにします．

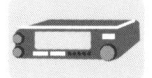

2-1　V/UHF中心の運用スタイル

V/UHFミニマム運用スタイル

　難しいセッティングや調整を必要とせず，近距離ならば安定したQSOができるV/UHFは，初心者の入門バンドとして人気があります．人気の理由はこれだけではなく，無線機やアンテナは小型で価格が安く，FMやデジタルならば周波数はチャンネルでセットできるため，操作が簡単で取っ付きやすい点も影響しているでしょう．

　この運用スタイルを目指す方は，とりあえずハンディ機やモービル機（**写真2-1**），それに安定化電源を揃えてしまえば，いわゆる「V/UHFミニマム運用スタイル」でスタートすることが可能です．このスタイルならば，住んでいる家の形態や無線機を設置するスペースなど，物理的要件に左右されることはほとんどないため，例えば単身赴任でワンルーム・マンションに住んでいる方でも実践可能なスタイルといえます．

　しかし，第1章で述べたとおり，V/UHFでは同軸ケーブルの損失が大きいため，ケーブル長が最短になるように挿入口や取り回し方に工夫が必要となります．また，V/UHFミニマム運用スタイルといえども，PCはマスト・アイテムであるため，無線機の側にそれなりのスペースを確保しておくことも忘れないようにしましょう．

V/UHFコンパクト運用スタイル

　モービル機によるV/UHFミニマム運用スタイ

第2章　運用スタイル別の物理的要件

表2-1　運用スタイル別の無線機対応表（目安）

	モービル機	コンパクト機	固定機（小型）	固定機（大型）
V/UHFミニマム運用スタイル	○			
V/UHFコンパクト運用スタイル	○	○		
V/UHF本格運用スタイル	○	○	○	
HFコンパクト運用スタイル		○	○	
HFスタンダード運用スタイル		○	○	○
HF本格運用スタイル		○	○	○
HF〜UHFまでカバーする運用スタイル	○[※1]	○[※1]	○[※1]	○[※1]

（※1）　使用する部屋のサイズに応じて無線機のタイプや台数をチョイスする．

表2-2　運用スタイル別の物理的要件（目安）

	住居タイプ	部屋のサイズ	デスク・サイズ
V/UHFミニマム運用スタイル	ワンルーム／ファミリータイプ	4.5〜6畳	60〜120cm
V/UHFコンパクト運用スタイル	ワンルーム／ファミリータイプ	4.5〜6畳	60〜120cm
V/UHF本格運用スタイル	ワンルーム／ファミリータイプ	4.5〜6畳	60〜120cm
HFコンパクト運用スタイル	ワンルーム／ファミリータイプ	4.5〜6畳	60〜120cm
HFスタンダード運用スタイル	ファミリータイプ	6〜8畳	120cm〜
HF本格運用スタイル	ファミリータイプ	8畳以上	120cm〜
HF〜UHFまでカバーする運用スタイル	—[※2]	—[※2]	—[※2]

（※2）　使用する無線機のタイプ，部屋の大きさ，台数などで変わるため未掲載．

写真2-1　アルインコ DR-735D/H

ルでスタートした方でも，ローカル局の影響などでSSBやCWに興味を持ち始めることがあります．また，初めからV/UHFでオールモード運用をしたいと考えている方もいるでしょう．

この運用スタイルでは，ほとんどの方がHFにもQRV可能なオールバンド＆オールモード・タ

写真2-2　アイコム IC-7100

イプの固定機かコンパクト機を利用することになります．ただ，ここではV/UHFミニマム運用スタイルからのバージョン・アップを想定して，コンパクト機を使用する，いわゆる「V/UHFコンパクト運用スタイル」を前提として話を進めます．

オールバンド&オールモード・タイプのコンパクト機(**写真2-2**)は，モービル運用や移動運用での使用も考慮されているため，文字どおりコンパクトさが売りの無線機です．したがって，サイズはFM専用モービル機よりひと回り大きい程度で，ミニマム・スタイルと同様に物理的要件に左右されることはほとんどなく，どんな方でも実践可能なスタイルといえます．

とはいえ，例えばCWをやる場合はパドルが必要になりますし，ラグチューを楽にするためにスタンド・マイクを使用するケースもあります．こ

うなるとデスク・サイズにも考慮が必要で，PCとの共存を考えると最低でも横幅は60cm以上，奥行き60cm以上のデスクでないと安心できません．

このようにV/UHFといえども，オールモード運用になると付属機器やオプション機器が増えてくる可能性が高いため，とりわけデスク周りのスペース確保はPCのスペースも含めて注意が必要です．しかし，居住タイプなど物理的要件はさほど心配する必要はなく，1人住まいならばワンルーム・マンションでも何とか収まる範囲でしょう．

V/UHF本格運用スタイル

自宅でじっくり腰を据えてV/UHFのオールモード運用をしたいと考えている，いわゆる「V/UHF本格運用スタイル」の方は，コンパクト機では性能や機能，そして見栄えなどの点で不足を感

第2章　運用スタイル別の物理的要件

写真2-3　アイコム IC-9100

じてしまうため，当然ながらオールバンド＆オールモード・タイプの固定機(**写真2-3**)をチョイスすることになります．

　この運用スタイルの方は筆者の経験上，外部スピーカなどのオプション品をはじめ，サブの無線機，付属機器などを追加する可能性が高いため，シャック構築にあたってはあらかじめスペース拡張の余地を残しておいたほうがよいでしょう．このことを前提に考えると，デスク・サイズは横幅

90〜120 cm，奥行き60〜70cm程度のものがオススメで，これを余裕で収容するためには最低でも4.5畳程度の部屋を確保したいところです．

　したがって，V/UHFコンパクト運用スタイルのように，ワンルーム・マンションでは少々厳しいかもしれません．しかし，あらかじめ生活用品を整理整頓(または断捨離など)しておくと，工夫次第でどんな居住タイプでも実践可能なスタイルといえます．

 ## 2-2　HF中心の運用スタイル

HFコンパクト運用スタイル

　HFでの運用というと大型の固定機を使用するイメージが強いかもしれませんが，比較的コンパクトなオールバンド＆オールモード機(p.28，**写真2-4**)もラインアップされていて，お手軽にHFを楽しめるようになりました．

　このような無線機を利用して比較的，省スペースでHF運用をしたいと考えている，いわゆる「HF

コンパクト運用スタイル」の方は，とりあえず無線機と安定化電源があればスタートすることは可能です．ただ，HF運用となると，POWER ＆ SWR計やアンテナ・チューナなどの周辺機器も必要になることが多いため，これらの機器の収容スペースも念頭に入れておく必要があります．

　居住タイプなどの物理的要件については，V/UHFコンパクト運用スタイルと同様にあまり意識する必要はありませんが，やはりパドルやスタ

シャック構築ハンドブック　27

写真2-4　JVCケンウッド TS-480シリーズ

ンド・マイク，PC，それに前述の周辺機器などの使用を考慮して，デスク周りのスペースは少し余裕を持って考えておいたほうがよいでしょう．

HFスタンダード運用スタイル

しっかりとした固定機を使ってHFを十分楽しんでみたいと考えている，いわゆる「HFスタンダード・スタイル」の方は，エントリーまたはミドルクラスの固定機を(**写真2-5**，**写真2-6**，**写真2-7**)を中心に据えて，場合によってはサブ機を含めて複数台使用するのが一般的です．

この運用スタイルを目指している方は，当面は無線機を何台くらいまで増やしていくつもりなのかを想定しておく必要があります．筆者の経験で

写真2-5　八重洲無線 FT DX 3000

第2章　運用スタイル別の物理的要件

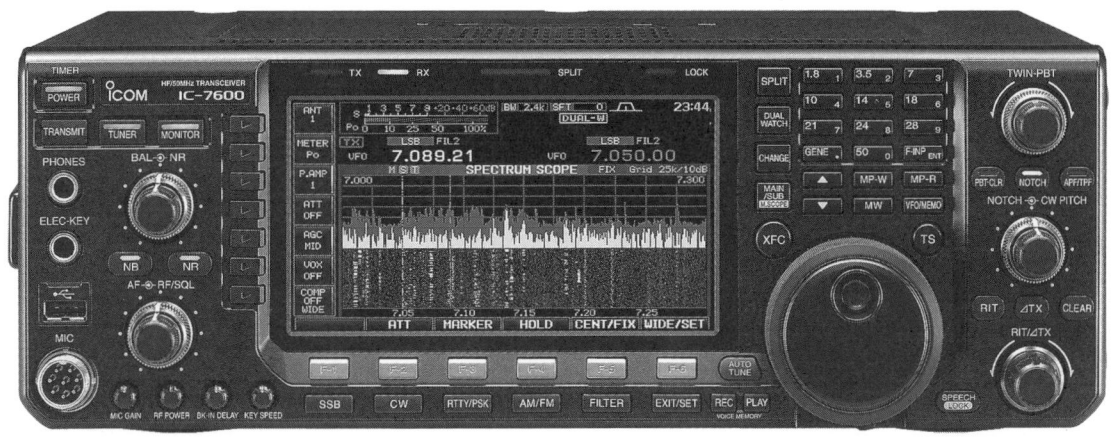

写真2-6　アイコム IC-7600

写真2-7　JVCケンウッド TS-590SG

は，一般的に多く使用されている横幅120cm程度のデスクを使う場合は，固定機は多くて2台までに抑えておいたほうが無難です．したがって，ここではHFスタンダード運用スタイルの基本形として，大型の固定機を2台使用することを前提として話を進めていきます．

例えばエントリー機といえども固定機は横幅が40cm程度あるのが一般的で，機種によっては奥行きも40cm近いものがあります．この大きさの無線機を横幅120cmのデスクに2台並べて置くと，これだけでデスク上のスペースを占領してしまうばかりか，奥行きが60cm程度のデスクを使っている場合は手元のスペースも狭くなってしまうため，何かしらの工夫が必要になってきます．

このような場合，まず机上ラックを使って2段重ねにするのが一般的です．それでもスタンド・マイク，パドル，PCなどを置いてしまうとデスクはいっぱいになってしまいます．こうなるとスピーカや周辺機器は置き場所がなくなってしまいますが，大きなスペースを必要とするPCモニタ

シャック構築ハンドブック | 29

写真2-8　アイコム IC-7851

写真2-9　八重洲無線 FT DX 5000MP Limited

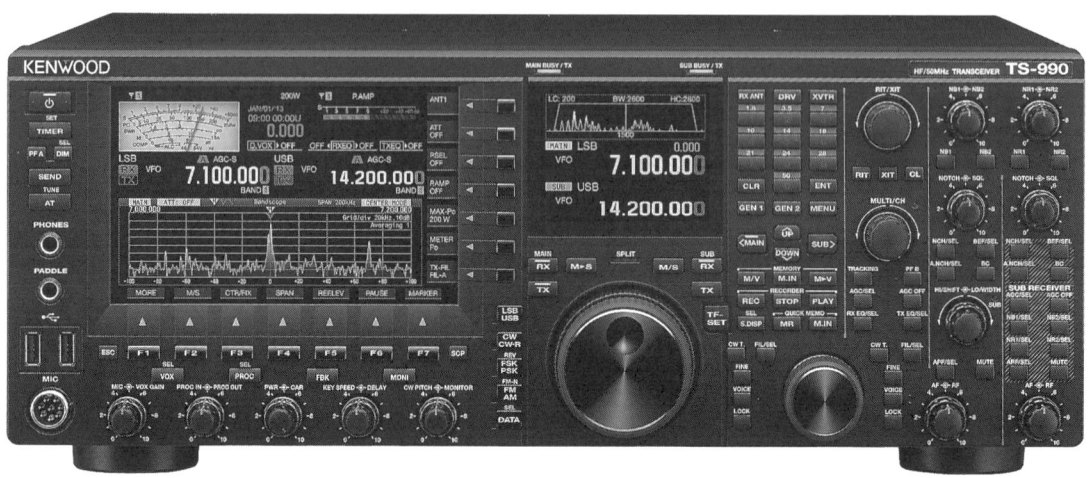

写真2-10　JVCケンウッド TS-990S

はモニタ・アームを使用するなど，さまざまな工夫を凝らすことで何とか構築は可能です（詳しくは第6章で解説）．

一方，居住タイプなどの物理的要件については，V/UHF本格運用スタイルと同様に，ワンルーム・マンションだと少々厳しいでしょう．ただ，横幅120cm，背面スペースも含んで奥行き70cm程度のスペースを確保できるならば，この運用スタイルでも実践可能といえます．

HF本格運用スタイル

無線を始めるきっかけや目指す運用スタイルは人それぞれですが，もし広い敷地と居住スペースがあって，投資できる金額にも余裕があるならば，巻頭で紹介したような大型の固定機（**写真2-8**，**写真2-9**，**写真2-10**）をずらりと並べた豪華なシャックに憧れている方は少なくないでしょう．

このような運用スタイルを目指す方は当然ながらHFをメイン・バンドとして考えており，大型の固定機を複数台使用する，いわゆる「HF本格運用スタイル」となります．また，この運用スタイルの方は運用経験が長く，古い無線機をたくさん持っている場合は，初めからこれらの設置スペースを考慮したシャック構築が必要となります．

ただ，シャックの規模に関しては無線機の台数のほか，積み重ねて縦方向へ展開するのか，あるいは積み重ねずに横方向へ展開するのかでスペースに大きな違いが出てくるため，一概にこれくらいのスペースが必要とは断言できません．

一つの考え方として，比較的新しい無線機はメインに使用する機器と位置づけてシャックの中央に配置し，古くてめったに使用しない無線機はコレクション的な位置づけとして一か所に集約することで，機能的で整然としたシャックを構築することが可能です．

また，居住タイプなどの物理的要件についても無線機の台数や配置の仕方などで大きく異なってきますが，この運用スタイルの方は最低でも6畳以上の専用部屋が必要で，この点から考えると部屋数に余裕のある大きめ一戸建てか，ファミリータイプの大型マンションでないと厳しいでしょう．

一方で大きな無線機を何台もデスクに載せるこの運用スタイルでは，デスクやラックの強度にも注意しなくてはなりません．デスクには横幅，奥行き，高さなど基本スペックのほかに天板の耐荷重の記載がありますが，重い大型の固定機を何台も載せる場合，耐荷重は最低でも50kg以上のものをチョイスするのがオススメです．サイズや形状については，載せる無線機の台数やレイアウトによって異なってきますが，例えば横幅140cmと120cmを組み合わせるとか，横幅120cmのデスクを2台用意するとか，ご自分の環境にフィットするよう，あらかじめ市販されているデスクのサイズや形状を調べておくとよいでしょう．

 2-3　HF～UHFまでカバーする運用スタイル

これまでV/UHFとHFを分けて運用スタイルを解説してきましたが，実はHFをメインとしながらも，コンディションが悪いときや夜間のラグチュー時にはV/UHFにQRVしている，あるいはV/

写真2-11　八重洲無線 FT-991

UHFをメインとしながらもコンディションの良いシーズンはHFにもQRVしているという，いわゆる「HF～UHFまでカバーする運用スタイル」の方は少なくありません．

これは最近HF～UHFまでカバーするコンパクトなオールバンド＆オールモード機(**写真2-11**)のリリースが相次ぎ，ある意味でトレンドになっていることが要因の一つとしてあげられます．

また，HFをメインにしている方は，シャック・スペースに余裕があることが多く，例えばV/UHFのモービル機が1台増えたところで大勢に影響はないため，この程度の無線機ならば手軽に導入できるという背景もあると思います．

この運用スタイルを目指す方は，どのバンドをメインにするのかでシャック構築の考え方が大きく異なってきますが，とりあえず最小限のスペースで仕上げたいのであれば，前述のコンパクトなオールバンド＆オールモード機を導入することによって実現可能となります．

ちなみに，このタイプの無線機は小型ながら性能も良く，とかく住宅事情で悩みの多い都市部のハムにとってはありがたい仕様といえます．

ひと昔前であれば，HF～V/UHFまで幅広いバンドにQRVするには，それなりのスペースや投資が必要でたいへん贅沢に思われたものですが，現在は前述のようにコンパクトなオールバンド＆オールモード機さえあれば簡単にQRVが可能です．一方で，この運用スタイルでは「HF本格運用スタイル」と同様に上を見ればきりがなく，シャック構築の方向性は多岐に渡ります．

したがって，これまでほかの運用スタイルで解説してきたことを参考にして，ご自分の環境に合ったシャック構築を心掛けるようにしましょう．

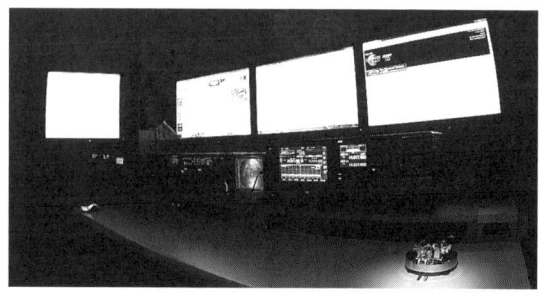

第2章　運用スタイル別の物理的要件

コラム❸　HFコンパクト運用スタイルにピッタリのアイコム IC-7300

アイコム IC-7300

　ハムフェア2015で参考出品され，2016年1月に発売が開始されたアイコム IC-7300は，240(W)×94(H)×238(D)mmというコンパクトなボディでありながら，タッチ操作が可能な4.3インチ大型カラーLCDを搭載した本格的なHF/50MHz機です．このほか，リアルタイム・スペクトラム・スコープやオーディオ・スコープを搭載するなど，高級機に匹敵する機能と性能を実現しているのが特徴です．

　最近は高性能でお値段も手頃なコンパクト・ボディのオールバンド＆オールモード機が数多く登場していることもあり，このような無線機をHFコンパクト運用スタイルに利用する方が増えています．スペースの関係で，大型のHF機の設置が難しい場合は，IC-7300はまさに打ってつけの無線機といえます．

　また，IC-7300は重量が4.2kgとひじょうに軽量であることから，固定機としてはもちろん，移動運用やモービル運用にも便利な設計となっています．したがって，IC-7300はHFコンパクト運用スタイルのみならず，さまざまシーンで本格的なHF運用が可能なマルチパーパス・モデルといえるでしょう．

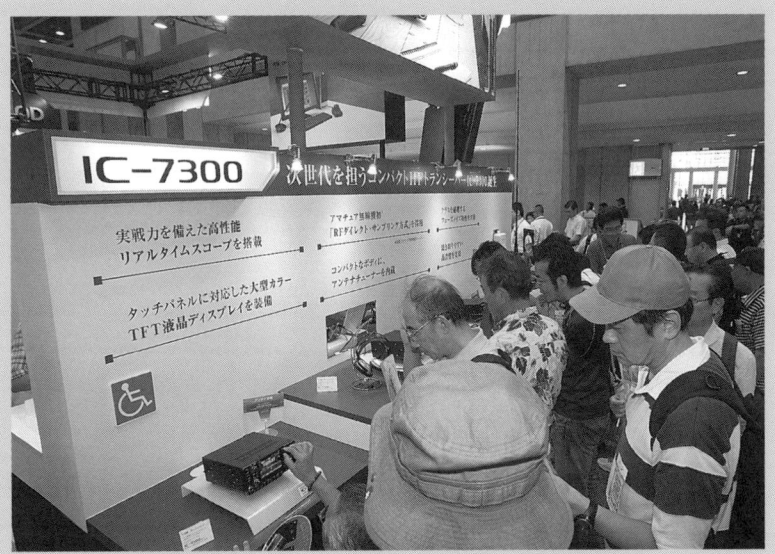

ハムフェア2015でも注目の的だった

シャック構築ハンドブック | 33

コラム❹ 機能的シャック・スタイル集 ▶ Shack❻

「機能的で美しい」を目指したシャック．モノクロなのでわかりにくいが，カラー・コーディネートも忘れない

JI1DLD 筆者のシャック　　Shack 6

　筆者のシャック構築におけるコンセプトは，いうまでもなく「機能的で美しいシャック」です．

　まず，メインの無線機を高さ10cmのラックを利用してデスク中央に配置し，その上にモニタ・アームを利用してPC用モニタを設置しています．

　ラック下のスペースにはオートマチック・アンテナ・チューナ，マイク切替器，パドルなどを収納することで，操作性と見栄の良さの両立を図り，乱雑に見えないよう配慮しています．

　POWER & SWRメータ，スピーカ，安定化電源，リ

第2章　運用スタイル別の物理的要件

アンテナ・チューナなどの周辺機器はラック下のスペースに収容

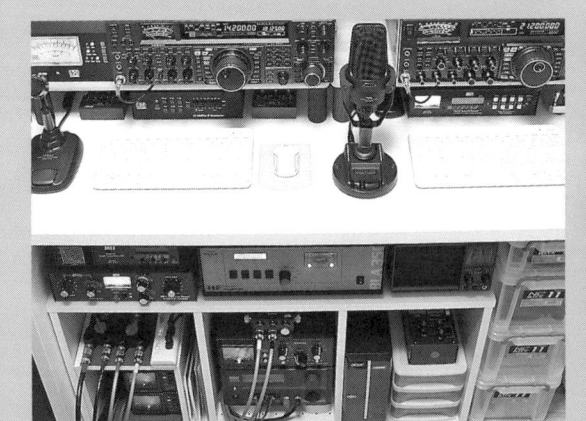

同軸切替器など操作する頻度が多い機器はデスク下の手の届くところに配置している

L字型デスクの片側は，V/UHF帯の機器を配置．こちらもHF帯と同様にエリア分割の配置方法を採用している

　リニア・アンプ，同軸切替器などの周辺機器はデスク下のラックに格納し，無線機をはじめとする操作や確認を頻繁に行う機器はデスク上に配置してエリアを分割しています．こうすることでデスク上はとてもスッキリした印象になり，円滑なオペレーションが可能となります．

シャック構築ハンドブック | 35

第3章
シャックの基本設計

ご自分が目指している運用スタイルが,どの程度の物理的要件(住居タイプ,必要なスペース,デスク・サイズなど)を必要としているのかが想定できた後は,いよいよ基本設計のフェーズに移ります.ここでいう基本設計とは,シャックと定めた部屋のどこにデスクを配置すればよいのか,あるいはどの程度のサイズのデスクが適切なのかを決める作業です.そこでここでは,一般的によく使用されている4.5畳～8畳の部屋を例にとって,デスクの配置シミュレーションを行うことにします.

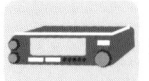

3-1　設計前の確認事項

シミュレーションの前提条件

　今回のシミュレーションでは,日本の家屋でポピュラーな広さとなっている4.5畳と6畳の部屋,それに少し贅沢かもしれませんが,HF本格運用スタイルやHF～UHFまでカバーする運用スタイルを想定して8畳の部屋を例にとって,部屋のレイアウト・ソフトを使って実際のサイズに極めて近い形でシミュレーションを実施しました.

　部屋のサイズは一戸建てやマンションなど住居タイプによって微妙に異なってきますが,このシミュレーションでは便宜的に次のサイズを利用しています.また,マンションなど鉄筋住宅の場合は,部屋の角に張りが出ていたりするため,ここで利用したサイズはあくまでも参考値として捉えていただき,実際に設計する場合はご自分の部屋の寸法を正確に計測することをオススメします.

＜部屋のサイズ：縦×横＞

◆ 4.5畳：2730mm×2730mm
◆ 6畳：2730mm×3640mm
◆ 8畳：3640mm×3640mm

　一方で,このシミュレーションで使用したデスクは,比較的,流通量の多い大小2種類のサイズをチョイスしました.それぞれのサイズは次のとおりです.

＜デスクのサイズ：幅×奥行き＞

◆ デスク(標準)：1200mm×750mm
◆ デスク(小さめ)：750mm×750mm

設計上の注意点

　シャックと定めた部屋が空っぽの状態であればデスクをどこに配置しても問題はありませんが,

第3章　シャックの基本設計

図3-1　設計上の注意点

エアコン配管口
通気口

　すでにほかの家具などが置いてある状態でデスクを配置する場合は，スペースが空いているからといって拙速に位置決めをしてしまうと，後でいろいろと不都合が起きる可能性があります．

　まず，できることなら窓の前は避けたほうが賢明です．とりわけ，床近くまである大きな窓ガラスの前にデスクを置いてしまうと，せっかくの動線を塞いでしまうことになります．また，レースのカーテンなどを閉めていたとしても，無線機などの機器が直射日光にさらされてしまうため，放熱性が悪くなるばかりか，大切な機器が日焼けをしてしまって見栄えも悪くなります．

　一方で，同じ窓でも下端が床から1m程度上がっている高窓の前にデスクを設置する場合は，特に大きな問題は起きません．とはいえ，直射日光の問題は避けられないため，日中でもカーテンを締めておくなど，放熱性や日焼け対策は必要になります．また，窓の向きにもよりますが，朝日や西日が差し込むと無線機やPCのモニタは逆光になるため，たいへん見づらくなってしまいます．したがって，事情が許すならばデスクを窓の前に設置するのは避けたほうがよいでしょう．

　シャックの基本設計をするうえでもっとも頭を抱えがちなのは，やはり同軸ケーブルの挿入口の問題です．とりわけ，マンションなどの鉄筋住宅や賃貸住宅などでは簡単に穴あけ加工ができないため，通気口やエアコンの配管口を利用して挿入するのが一般的です（**図3-1**）．理想をいえば，これらの穴に近い場所にデスクを設置したいところですが，そもそも普通の建物はそのような使い方

を想定していないため，なかなか思うとおりにいきません．しかし，すでに家具などがベスト・ポジションに設置してあって，無線機用のデスクが二の次になっている状況ならば，思い切ってレイアウト変更してしまう手もあります．

一方で分譲タイプの一戸建てならば，あくまでも最終手段としてですが，最適の場所に穴あけをすることができます．筆者もこの方法で挿入口を作りましたが，この場合は筋交いと干渉しないように，あらかじめ設計図で確認したうえで穴あけすることをオススメします．

もう一つ確認しておく必要があるのは，コンセント・プレートの位置と差し込み口の数です．これも同軸ケーブルの挿入口と同様にデスクの近くにあるのが理想的ですが，なかなか思うとおりにいかないのが現実です．もし，同軸ケーブルの挿入口とコンセント・プレートのどちらを優先したらよいか迷った場合は，やはり同軸ケーブルの挿入口のほうを優先させるべきでしょう．なぜならば，コンセントは多少遠くても，テーブルタップで簡単に位置を変更できるからです．また，無線機や周辺機器が増えてくると，必然的にコンセントの差し込み口が不足してきます．通常のコンセント・プレートには差し込み口が2個ある2Pタイプが取り付けてありますが，これでは無線機とPCだけでいっぱいになり，間違いなく足りません．したがって，あらかじめ差し込み口がたくさん付いているPC用のテーブルタップなどを用意しておくと便利です．

第3章 シャックの基本設計

3-2 実際のシミュレーション

4.5畳部屋の特徴

単身者用のマンションやアパートなどでよく見られる4.5畳の部屋は，2730mm×2730mm（縦×横）の正方形をしていて，狭い割に使い勝手は比較的良いといえます．何も物を置いていない状態で部屋を見渡してみると意外と広く感じますが（**図3-2**），タンス，ベッド，本棚などの家具を置いてしまうと，それだけでいっぱいになる程度の大きさです．なお，この配置図では，同軸ケーブルの挿入口として利用することの多いエアコンの配管口や通風口を，窓の左側に配置してあります．

とはいえ，そもそもPC用ラックやデスクは必要でしょうから，そのスペースの一部を間借りする形にすれば，シャックの構築は可能です．

図3-2 4.5畳部屋の特徴

4.5畳の配置例①

まず，前述のレイアウト・ソフトを使って，小さめのデスク(750×750mm)を1台設置したパターンを見てみましょう(**図3-3**).

全体の印象としては，このサイズのデスクならば，すでにタンスや本棚などの家具が置いてあっ

図3-3　4.5畳の配置例①

たとしても何とか収めることができるでしょう．また，部屋を俯瞰した図を見てわかるとおり，デスクの背面は壁にぴったり添わせずに10cm程度の隙間ができるように設置してあります．これは無線機の背面に接続する同軸ケーブルやコード類が壁と干渉しないための配慮で，実際の奥行きはデスクの奥行き＋隙間に加えて，イスの引きしろ分なども必要になることを念頭に置いておかなければなりません．

これらのことから，この配置例はV/UHFミニマム運用スタイル，V/UHFコンパクト運用スタイル，HFコンパクト運用スタイルなどに適したパターンといえます．しかし，ベッドのような大きな家具が置いてあると収まらない可能性があるため，あらかじめ空きスペースを計測しておくなど相応の準備を怠らないようにしましょう．

4.5畳の配置例②

次に事務用として標準的な大きさのデスク(1200×750mm)を1台設置したパターンを見てみましょう(**図3-4**).

見た目は4.5畳の配置例①とさほど変わらな

図3-4　4.5畳の配置例②

い印象を受けますが，この広さの部屋では例え50cm程度の差といえどもインパクトが大きいため，ほかの家具を置くスペースへの影響はどうしても避けられません．したがって，この配置例を実践する場合は，ベッドはもちろん，家具の量は最小限であることが前提となります．

とはいえ，このサイズのデスクを置けるならば無線機などを設置するスペースはかなり広くなるため，さまざまな運用スタイルに対応することができます．具体的には，V/UHFミニマム運用スタイル，V/UHFコンパクト運用スタイル，HFコンパクト運用スタイルならば余裕で，ラックなどを利用して置き方を工夫すれば，HFスタンダード運用スタイルやHF本格運用スタイルまで対応することが可能です．

4.5畳の配置例③

　この配置例は少しイレギュラーになるかもしれませんが、この部屋にほとんど家具がないと仮定した場合、がんばればここまでいけるというパターンです．ちなみに、ここでは標準的なデスク（1200×750mm）と小さめのデスク（750×750mm）を横並びにしてあります（**図3-5**）．

　部屋全体を見渡してみると、4.5畳という比較的狭い空間ながら立派なシャックを構築できることがわかります．もちろん、広いに越したことはありませんが、趣味の部屋としてはある程度の閉塞感があったほうが居心地が良いこともあるため、4.5畳をすべてシャック・スペースに割ける方は意外と「あり」のパターンかもしれません．

　しかし4.5畳といえども、今住んでいる家で新たにこのスペースを確保するのは難しいかもしれません．子供が独立して出ていったり、家の改装時などにはその機会が生まれる可能性があります．また、引っ越しや新築の際は、あらかじめ計画しておけば、それほど難しいことではないでしょう．

　仮にこの配置が可能な場合は、4.5畳の部屋でもHFスタンダード運用スタイルやHF本格運用スタイルはもちろん、HF～UHFまでカバーする運用スタイルなど、かなり本格的な運用スタイルが実践できることになります．また、自作のために小さめのデスクを工作台とするなど、工夫次第でさまざまな使い方が可能です．

図3-5　4.5畳の配置例③

第3章　シャックの基本設計

6畳部屋の特徴

日本の住宅でもっともポピュラーな大きさといえる6畳の部屋は，2730mm×3640mm（縦×横）の長方形をしていて，個室，書斎，キッチン，ベッドルームなど，さまざまな用途で使われています．何も物を置いていない状態で部屋を見渡してみると（**図3-6**），さすがに4.5畳よりかなり広い印象があって，シャックとして利用するには十分な広さといえます．

なお，この配置図では，窓のある壁面を3640mm，それと直行する壁面を2730mmとしていますが，窓の数や形状を含め，異なる構造の部屋もあるため，実践する場合はご自分の環境に合わせて考えてみてください．

図3-6　6畳部屋の特徴

6畳の配置例①

ここでも4.5畳と同様にレイアウト・ソフトを使って，標準的なデスク（1200mm×750mm）を1台設置したパターンを見てみましょう（**図3-7**）．

さすがに6畳ともなると，この大きさのデスクを設置してもかなり余裕があります．しかし，6畳の部屋は，アパート，マンション，一戸建てなど住居スタイルを問わず，個室兼ベッドルームとして使われることが多いため，すでにベッド，タンス，本棚などのほか，標準的なデスクが置いてあることがあります．このような状態の場合は，6畳といえども新たに無線用のデスクを設置するのは難しくなるため，既存のデスク周りを整理して無線機のスペースを確保しなければなりません．

したがって，前述のように新たに無線用のデスクを設置できない場合は，既存のデスク・スペースを利用するため，V/UHFコンパクト運用スタイルや，HFコンパクト運用スタイル程度がオススメです．一方で新たにこのサイズのデスクを設置できる場合は，HF本格運用スタイルやHF～UHFまでカバーする運用スタイルなど，かなり本格的な運用スタイルまで対応することが可能です．

図3-7　6畳の配置例①

第3章　シャックの基本設計

6畳の配置例②

次に標準的なデスクを2台横並びにしたパターンを見てみましょう（**図3-8**）.

このサイズのデスクを設置すると，さすがにほかの家具は少ししか置けませんが，デスクの横幅は2400mmと贅沢に使えるため，数多くの無線機を置くことができます．例えば，大型の無線機でも4台は横一列に並べて置くことができ，見た目にも壮観なシャックとなります．

デスク上にここまでの広いスペースを確保できる場合，無線機は無理にラックなどを使って積み重ねようとせず，横一列に並べて配置するのがオススメです．このようにすることで，無線機の上にPCのモニタを目線の高さに配置できるため，とても機能的に運用でき，しかも整然としたセンスの良いシャックとなるからです．

もし，このレイアウトが可能ならば，HF本格運用スタイルは余裕で構築でき，さらにやHF〜UHFまでカバーする運用スタイルまで実践できる豪華なシャックとなることはいうまでもありません．

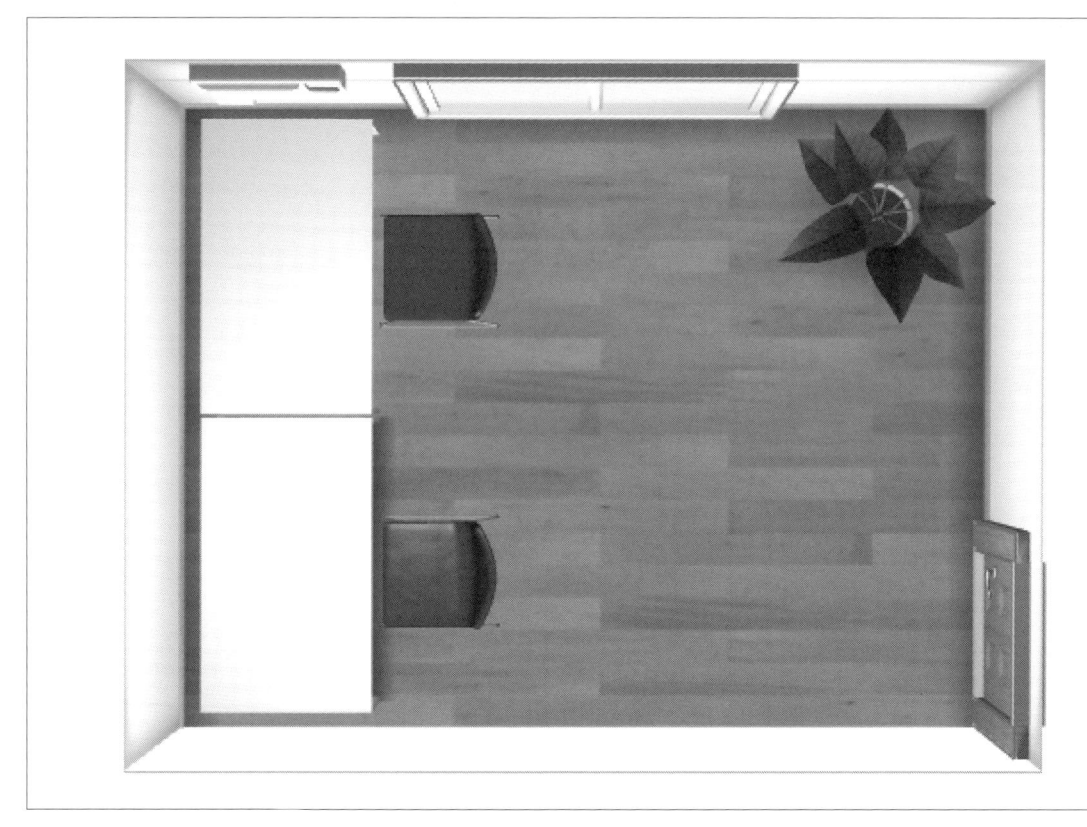

図3-8　6畳の配置例②

シャック構築ハンドブック | 45

6畳の配置例③

今回の配置図では，便宜的に窓の数は一つで，バルコニーに面していることを想定して縦長の大きな窓を配置してきました．しかし，もし小窓だけの部屋ならば，窓の前にもデスクを配置することができるため，使用するデスクのサイズや設置方法に自由度が出てきます．

図3-9　6畳の配置例③

そのような部屋を想定してデスクを最大限配置したのが，この配置パターンです（**図3-9**）．このパターンでは標準的なデスク（1200mm×750mm）を2台使ってL字型の配置として，それぞれのデスクの隙間を埋めるように小さめのデスク（750mm×750mm）を配置してあります．

部屋を俯瞰した図でわかるとおり，6畳の部屋は長方形のため，その形とコーナーを無駄なく利用することができます．L字型のデスク配置は自分を取り囲むように無線機や周辺機器を配置できるため，運用の際はとても便利で機能的なレイアウトといえます．もしスペースに余裕があるならば，ぜひ実践してもらいたい配置方法です．

当然ながら，この配置パターンなら大型の無線機や周辺機器をたくさん設置できるため，HF本格運用スタイルやHF～UHFまでカバーする運用スタイルでも，らくらく構築することが可能です．

第3章　シャックの基本設計

8畳部屋の特徴

リビングや寝室，大きめ個室としてよく利用さ

図3-10　8畳部屋の特徴

れている8畳の部屋は，3640mm×3640mm（縦×横）の正方形をしていて，その広さと形状からシャックとして使うには必要にして十分で，とても贅沢な仕様といえるでしょう．

この部屋に何も置いていない状態を見てみると（**図3-10**），さほど広く感じないかもしれませんが，実際にはとても広く，これまで取り上げた4.5畳や6畳と比べると，レイアウトの自由度は飛躍的に高くなります．また，親子や兄弟でアマチュア無線を楽しんでいる場合は，マルチ・オペレーションにも対応できるため，この点でも8畳のアドバンテージは大いにあるといえます．

8畳の配置例①

まずは，これまでと同様にレイアウト・ソフトを使って，標準的なデスク（1200mm×750mm）を横並びに2台設置したパターンを見てみましょう（**図3-11**）．

図3-11　8畳の配置例①

6畳でも同じパターンのレイアウトを紹介しましたが，8畳になると，さらにデスク脇に空きスペースが生まれるほどの余裕が出てきます．これほどの余裕があれば，シャックとしての用途以外に，書斎やほかの趣味と併用した部屋として十分に機能するでしょう．また，純粋にシャックとして使う場合は，オペレーション・デスクのほかに工作台や古い無線機のコレクション用ラックを設置するなど，まさに無線一色の理想的なシャックを構築することができます．

したがって，この配置パターンならば無線のオペレーションのみならず，8畳のアドバンテージを生かしてプラスアルファの使い方が可能となるため，多趣味な方にとってはとても魅力的な部屋になるはずです．

第3章 シャックの基本設計

8畳の配置例②

次に「6畳の配置例①」で空きスペースになっていた場所へ,小さめのデスク(750×750mm)を設置したパターンを見てみましょう(**図3-12**).

この配置パターンでは,壁一面に無線機が並べられることになるため,見た目にはとても壮観な眺めになります.これだけの設置スペースを確保できるならば,無線機同士の間隔を大きく取れるため,親子や兄弟でのマルチ・オペレーションも可能となります.実は筆者が開局した当時は,ちょうどこの配置パターンと同じ部屋で,弟と一緒にマルチ・オペレーションをしていましたが,お互いが運用する周波数をきちんと選びさえすれば何の支障もなく,快適にオペレーションすることができました.

言うまでもありませんが,この配置パターンの特徴は何といっても3150mmという膨大な横幅を得られることです.「6畳の配置例②」でも述べたとおり,無線機や周辺機器はラックなどを使って積み重ねることはせず,横一列に配置することでゆったり感を演出できるため,とても贅沢な印象のシャックとなります.このような配置パターンが可能な方は,ぜひこの設置方法を実践することをオススメします.

また,デスク上にこれだけの設置スペースがあれば,どのような運用スタイルでも可能であるため,自作や工作が好きな方であれば,標準的なデスク1台は測定器の設置スペースにあてるなど,さまざまな割り振り方が考えられます.いずれにせよ,この配置パターンならば,多くの機器を余裕を持って配置することができるため,誰もがうらやむセンスの良いシャックを構築できるでしょう.

図3-12 8畳の配置例②

8畳の配置例③

この配置パターンは,「6畳の配置例③」でも紹介した,デスクをL字型に配置した例となります(**図3-13**)。ここでは,前述の「8畳の配置例②」と同様に標準的なデスク(1200mm×750mm)2台と小さめのデスク(750×750mm)を壁に沿って横並びに配置したうえで,さらに標準的なデスク1台をL字型になるよう連結してあります。ただし,この場合は,今までのように縦長の大きな窓ではなく,小窓であることが条件となります。

図3-13 8畳の配置例③

部屋を俯瞰した図を見るとわかるとおり,8畳という広いスペースを生かして数多くのデスクを効率的に配置した結果,これ以上ないというほど贅沢なシャックになっています。8畳の部屋をすべてシャックにあてられる余裕があるならば,ぜひ実践してみたいパターンといえるでしょう。

当然ながら,この配置パターンならばL字型のデスク配置の強みである使い勝手は申しぶんなく,総延長4275mmという広大なデスク・スペースには数多くの無線機,周辺機器,PCなどを設置することができます。さらに,窓際とは反対側にもう一つデスクを付け加えることでコの字型のデスク配置になるため,L字型以上に使い勝手が良くなるうえ,総延長5000mm程度の広大なデスク・スペースを得ることができます。

これだけのデスク・スペースを確保できるならば,その半分程度を古い無線機のコレクション・スペースとして使ったり,スペアナなど専門的な測定器を取り揃えた工作スペースとして使ったりすることができるため,あらゆる趣向性にも対応できる,まさに理想的なシャック構築パターンといえるでしょう。

背面アクセスの配置例

これまでの配置パターンでは，配線類の取り回しなどを考慮して，デスクの背面と壁の隙間は10cm程度と想定してデスクを配置してきました．しかし，機器の配置替えや実験を頻繁に行う人にとっては，デスクの背面に人が入れるくらいのスペースがあれば楽だと考えることでしょう．

このような使い方を想定したのが，ここで紹介する「背面アクセスの配置例」です（**図3-14**）．なお，この配置パターンでは，便宜的に8畳の部屋に標準的なデスク（1200mm×750mm）を2台横並びにしてあります．

部屋を俯瞰した図を見るとわかるとおり，デスクの背面と壁の間には人が横向きになれば入れるように50～60cmのスペースを設けてあり，さらにデスクの左右にもアクセスのためのスペースを空けてあります．こうすることで，同軸ケーブルや配線類の差し替えが格段に楽になるうえ，無線機や周辺機器の背面部分を目視できるため，間違って違うジャックに挿してしまうなどのミスもなくすことができます．

ただし，このようにデスクを手前に引いて設置すると，当然ながら後ろのスペースを圧迫することになるため，6畳や8畳などスペース的に多少余裕のある部屋でないと厳しいかもしれません．

とはいえ，十分なスペースを確保できるならば，この配置パターンを検討してみる価値は十分にあるといえるでしょう．とりわけ，頻繁に無線機の裏側にアクセスしたい方にはオススメです．

図3-14　背面アクセスの配置例

コラム❺　背面アクセスの配置は，こんなに便利！

写真3-A　筆者のシャックを俯瞰で見たようす
スペースの関係でデスクは壁に近い

写真3-B　コネクタの締め具合などを容易に確認することができ，トラブルも未然に防げる

写真3-C　背面スペースをサイド側から見たようす

　「背面アクセスの配置例」のところでも解説したとおり，もしスペースに余裕があるならば，デスクと壁の間にスペースを空けて背面アクセスができるようにしておいたほうが，使い勝手は各段に良くなります．

　筆者はスペース上の問題（**写真3-A**）で泣く泣く背面アクセスの配置を諦めましたが，機器の入れ替え，増設，配置変更などの場合は鏡を使って機器の裏側を見たり，デスクの下に潜り込んでケーブル類の整理をしたり，かなりの苦労を強いられてしまいます．このため，機器の入れ替え，増設，配置変更を気軽にできず，どうしても実行しなければならない場合は相当の気合が必要になります，hi．

　背面アクセスの配置にする最大のメリットは，言うまでもなく機器の背面にあるケーブル類の抜き差しや確認が容易にできるということでしょう（**写真3-B**）．背面アクセスを可能にすると実際にデスクの裏側に入って諸々の作業を行えるため，とかく配線作業が煩雑になりがちなアマチュア無線では，ぜひ取り入れておきたい配置方法といえます（**写真3-C**，**写真3-D**）．

　また，このシャックでは80cmほどスペースを取っていますが（**写真3-E**），ベランダに向かってデスクを配置すると，サッシをあけることによってさらに作業スペースを広く取ることができます（**写真3-F**）．メタボな方にとっても配線作業を行うには申しぶんのない

第3章　シャックの基本設計

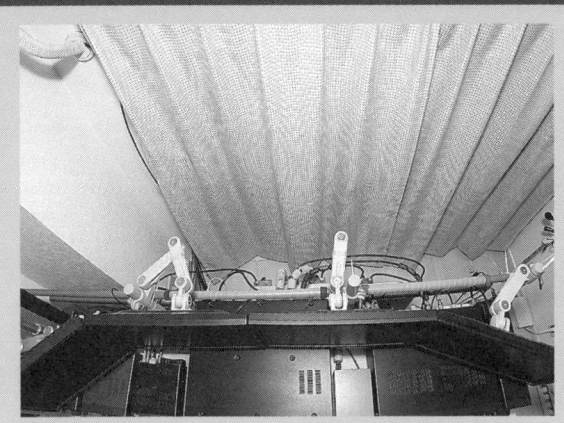

写真3-D　背面スペースを上から見たようす

写真3-F　サッシを開けることによりスペースが広がり，しゃがんでの作業も楽になる

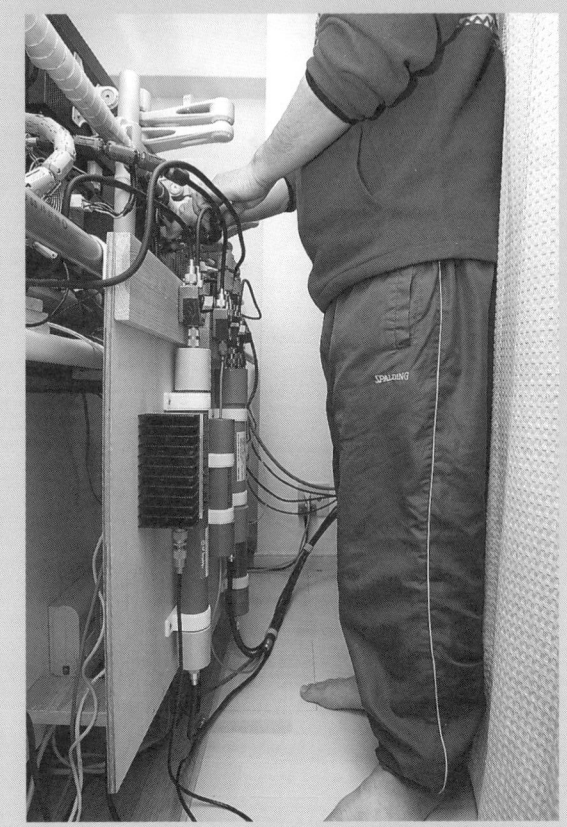

写真3-E　メタボな方でも十分に作業できるスペースがある

写真3-G　同軸切替器の操作も容易

ド・フィルタなどをデスクの裏側に設置することができるため，床面にフィルタやケーブル類が散乱することもなくなり，スッキリした見栄えになります．

　同軸切替器を操作するとき(**写真3-G**)にいちいちチェアから離れて背面まで行かなくてはなりませんが，壁面の取り出し口までのケーブルを自然な流れで引き回すことができ，見た目にも電気的にもメリットのある設置方法だといえます．

　背面アクセスを可能にしておけば，新規の構築時はもちろん，将来的にも継続して大きな恩恵を受けられるため，もし事情が許すならば，最初からこの配置にしておくことをオススメします．

環境となります．

　背面にスペースがあると，同軸切替器やコモンモー

コラム❻　機能的シャック・スタイル集 ▶ Shack❼

シンメトリーが美しいシャック

VK6IA Albinsonさんのシャック　　Shack 7

　とてもスッキリとした印象を受けるVK6IA Andrew Albinsonさんのシャックは，L字型デスクにピッタリ合わせたラックが載せてあり，無駄のない造りとなっています．正面にはメインの無線機と2台のモニタ，左側にはリニア・アンプとサブの無線機，右側には測定器などの周辺機器と機能別にエリアを設定．このような構成にすると見た目だけでなく，使い勝手も良いはずで，デスクと無線機の間に隙間があるところは，筆者のコンセプトとも合致しています．

　また，ラック上には柔らかい光のライトを2台配置することで，センスの良いバーのような雰囲気となっています．

第3章　シャックの基本設計

どちらのサイドから見ても美しく壮観な眺め．デスク上もスッキリしていて，とても使いやすそうだ

▶VK6IA Andrew Albinsonさん

第4章
エクイップメント選びと入手方法

シャックのためにどの程度の広さの部屋が用意できて，そこにデスクをどのように配置するかが決まった後は，いよいよエクイップメント選びをして，実際に商品を購入する段階に入ります．ここでいうエクイップメントとは，シャックで使うデスク，チェアなどのファニチャーをはじめ，PCや周辺機器などシャック構築では欠かせない設備や装備のことを指します．ここでは，これらエクイップメントの選び方，注意点，入手方法などについて解説することにします．

4-1　デスク編

デスク選びのポイント

ひとことにデスクといっても，用途，形状，素材，カラー，サイズなど要素はさまざまで，ネットの通販サイトなどで見ていても数多くの商品が掲載されているため，どのようなポイントで選んだらよいのか迷ってしまうことでしょう．

まず，用途についてですが，シャックでは無線機をはじめ，周辺機器やPCなども利用することから，引き出しや余分な装飾のないシンプルな構造のものがオススメです．極端にいってしまえば，しっかりした天板と脚さえあれば，ほかの要素は何も要らないかもしれません．この点から考えると，オフィスで使うような事務用デスクか，PC用デスクが候補になります．

次に形状については，市販品の多くは長方形をしていますが，QRZ.COMで海外のセンスの良いシャックを見てみると，コの字型をしたデスクや角を丸く落としたようなデスクを使っていることもあります（**写真4-1**）．これは，おそらくオーダーメイドか自作をしているのだと思いますが，時間や手間を惜しまず，オリジナルのデスクを使ってシャック構築をしたい方は，この方法でもよいでしょう．しかし，通常はここで時間を費やさずに1日でも早く運用したいと考えるでしょうから，この場合は必然的に市販の長方形のデスクを利用することになります．

素材については，無線機は通常の電子機器と違

第4章　エクイップメント選びと入手方法

写真4-1　おそらくオーダーメイドであろう海外局のデスク

写真4-2　清潔感を出すために選んだホワイトのデスク

って発振回路や送信回路などを搭載しているため，無用な電気的誘導やインターフェアを防止する意味でも，天板はなるべく金属製のものは避け，木材や合成樹脂など誘電しない素材を選んだほうがよいでしょう．これはデスクの上にラックを設置する場合も同様です．

カラーについては，木目，ホワイト，ブラックなどが一般的ですが，これはシャックの雰囲気をどのようにしたいかで方向性が異なってきます．ちなみに，筆者は明るく清潔感のあるシャックを目指していたためホワイトを選びましたが（**写真4-2**），シックなイメージにしたい場合はダークブラウンなど濃い目のカラーを選ぶとよいでしょう．

サイズや台数については，第3章の基本設計で述べたとおり，ご自分が用意できる部屋の広さ，すでに設置されている家具などの状況，運用スタイル，無線機や周辺機器の数などを加味して選ぶ必要があります．

レイアウト図で使用した標準的なデスクのサイズは，1200（横幅）×600～750（奥行き）×700（高さ）mmを想定していますが，デスク選びをする際は，このサイズを基本に考えていけばよいでしょう．実はこれには，いくつかの理由があります．

まず，このサイズは市販されている事務用デスクやPC用デスクでは標準的なサイズになっていて，容易に入手できる点があげられます．また，HF用の固定機の横幅は400～450mm程度のものが多く，これを横並びに2台載せるにはジャストサイズといえるからです．

奥行きについては，上記の無線機の多くは400mmほどあるため，手前にスタンド・マイク，パドル，PCのキーボードやマウスを置くことを考えると，700mm程度は必要になります．事務用デスクやPC用デスクの廉価版タイプには奥行きが600mmのタイプのものがよくありますが，できればこのサイズを使用するのは避け，700mm以上のものを選ぶことをオススメします．

また，高さについては650mm～700mm程度が標準となっていますが，こちらは無線機の操作のほか，キーボードやマウスの使い勝手を考えると，少し高めの700mmを選んだほうがよいでしょう．

デスク選びの注意点

まず，シャック用のデスクを選ぶ際にもっとも注意しなければならないのは天板の耐荷重です．

シャック構築ハンドブック

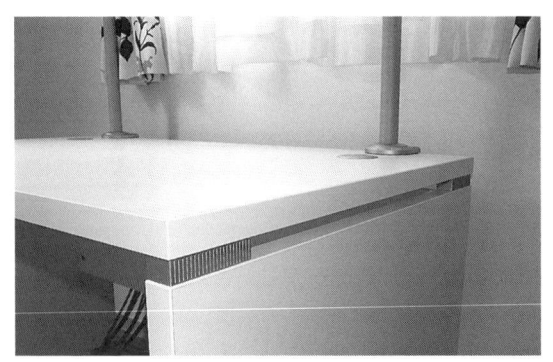

写真4-3 厚さ30mmの天板で耐荷重100kgを実現したデスク

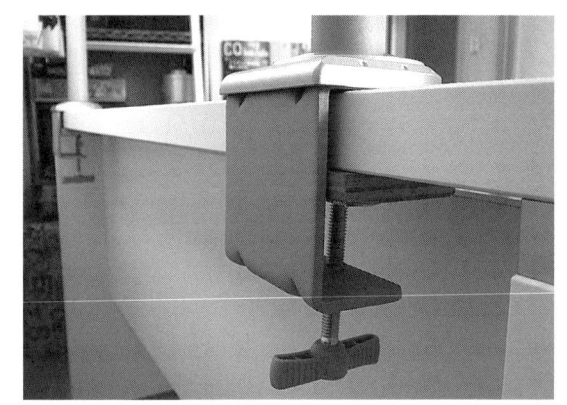

写真4-4 モニタ・アームを取り付けるには，10cm程度の出っ張りが必要

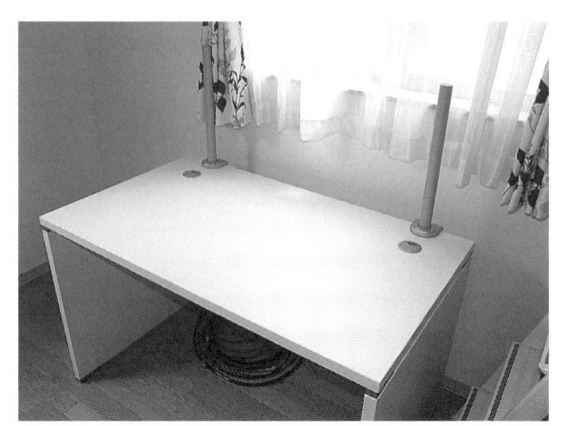

写真4-5 モニタ・アームのポールをデスクの両脇に取り付けたようす

オフィスで使うデスクやPC用デスクは，PC本体とモニタ，それにマウス程度しか載せないため，天板はある程度の強度があれば十分です．ところが，シャックで使うデスクには1台あたり20kgを超えるHF用の固定機を複数台載せたり，必要に応じて周辺機器やPC関連機器なども載せたりするため，これらの総重量は50kgをゆうに超えてしまうことがあります．

市販品として流通している事務用デスクやPC用デスクの耐荷重は30kg程度のものが多いため，デザインや価格などに惹かれて勢いで買ってしまうと，ゆらゆら揺れて不安定になったり，天板の中央が垂れ下がって機器が水平を保てなくなったりして後悔することになります．したがって，シャックで使うデスクは天板の耐荷重が最低でも50kg以上，重量級の機器をたくさん載せる方は100kg程度のもの選んだほうが無難です（**写真4-3**）．

これに関連して注意したいのは，天板のサイズです．十分にスペースがある場合は，横幅のある1600mmや1800mmのタイプのデスク1本で済ませたいと思いがちですが，仮に天板の耐荷重が100kgであっても横幅があるため，重いものを載せるとどうしても中央付近が垂れ下がってきます．これを避けるためには，横幅1000mm～1200mm程度のデスクを基本として，不足分は小さめのデスクで補うようにしたほうが，垂れ下がりを抑えられるうえ，細切れになっていることで組み立てや移動時も楽に行うことができます．この点については，第3章で紹介した各部屋の配置例を参考にして検討するとよいでしょう．

また，形状についても少々注意しておく点があります．最近の無線オペレーションでは，PCは切っても切れない存在になっていて，とりわけ専有面積の大きいモニタはモニタ・アームを利用して設置するのがスタンダードになりつつあります．ところが，モニタ・アームを取り付けるには

第4章　エクイップメント選びと入手方法

図4-1　事務用品が充実しているLOHACOのサイト

図4-2　Amazonでもデスクが販売されている

デスクの天板が側板に対して10cm程度はみ出ていることが条件になるため，デスクを選ぶ際はこの点にも配慮しなければなりません（**写真4-4**，**写真4-5**）。この条件をクリアしようとすると選択肢は多少狭くなってしまいますが，モニタ・アームはとても便利なアイテムであるため，ぜひ実践することをオススメします。

デスクの入手方法

その昔はデスクなどのファニチャーを購入しようとすると，家具専門店やデパートなどへ出向く必要がありましたが，現在ではインターネットの通販サイトから購入するのが当たり前の時代になってきました。

しかし，ひとことで通販サイトといっても，小さな家具メーカーが運営しているサイトもあれば，大型のインテリア＆家具専門店が運営しているサイトもあるため，ある程度ラインを絞って探さないと，効率が悪くて疲れてしまいます。

参考までに，筆者が現在使っているデスクを入手する際に検索したのは，「Amazon」や「Yahoo！ショッピング」などの総合通販サイト，「ニトリ」

図4-3　筆者が購入した耐荷重100kgのイタリア製デスク

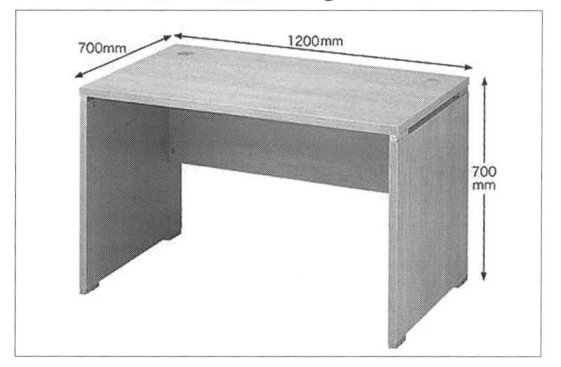

や「IKEA」などのインテリア＆家具専門サイト，それに事務用品を幅広く取り扱っている「LOHACO」です（**図4-1**，**図4-2**）。

このうち，「Amazon」や「Yahoo！ショッピング」などの総合通販サイトは，掲載されている商品数が膨大で，好みの商品を探すには相当根気が必要だったため途中で断念．また，「ニトリ」や「IKEA」などのインテリア＆家具専門サイトは，魅力的な商品はあるものの，シャック用のデスクとするには不向きなものが多く，結局，事務用デスクを数多く取り扱っている「LOHACO」でイタリア製の「ARAN WORLD EIDOSシリーズ」という商品を購入しました（**図4-3**）．ちなみに，

シャック構築ハンドブック | 59

図4-4 サイズ，構造，耐荷重とも理想的だったデスクの構造図

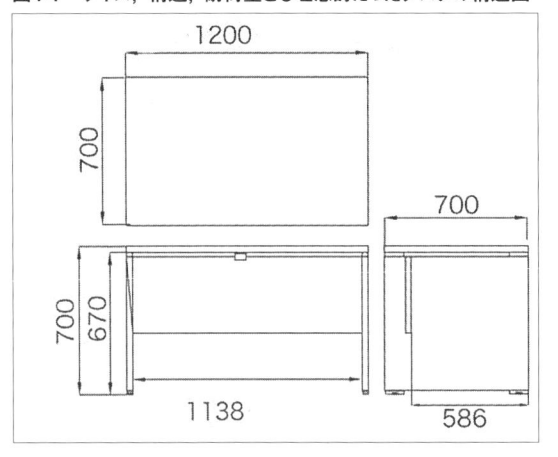

このデスクの素材は木材に合成樹脂を貼り付けてあって傷や汚れが付きにくく，厚み3cmの天板は耐荷重100kgと，シャック用のデスクとしては必要にして十分なスペックです．また，背面は天板が10cm程度張り出しているため，モニタ・アームを取り付けるには打ってつけの構造でした（**図4-4**）．もちろん，デスクはネット通販に限らず，実店舗でも入手可能で，この場合はインテリア＆家具専門店，ホームセンター，家電量販店，リサイクルショップなどをのぞいてみるとよいでしょう．店舗では，ネット通販ではわからない質感や細部の確認をできるため，安心してデスク選びをすることができます．したがって，ネット通販は少々不安があるという方は，最寄りの店舗へ一度行ってみることをオススメします．

4-2　チェア編

チェア選びのポイント

チェアは，前述のデスクと並んでシャックにおけるファニチャーの重要な要素といえます．せっかく耐荷重100kgのデスクを入手したとしても，チェア選びで手を抜いてしまうと，トータルの使い勝手や満足度は大幅に下がってしまいます．それだけに，チェアもしっかりポイントを抑えて選ぶ必要があります．とはいえ，ひとことにチェアといっても用途，機能，デザイン，素材，サイズ，硬さなど，さまざまな要素があるほか，使う人の好み体格などによって評価が分かれてくるため，デスク以上に慎重に選ぶのが難しいといえます．

まず，チェアで最も重視しなければならないのは，デスクと同様に安定感ということになるでしょう．デザインや価格に惹かれて買ってみたら，動くたびにぐらぐら揺れたり，キーキー・ガーガーといったきしみ音がするようでは，快適に無線を楽しむことができないからです．

チェアの安定性を司っているのは脚の形状と本数ですが，脚は放射状に広がっているものが良く，本数は4本よりも5本のほうが格段に安定感が増します．また，ガタツキや音は着座部分と脚の接合部や，リクライニング機構などの可動部で多く発生します．これは本来，実際に座って体を上下左右に動かしてみなければわかりませんが，ネット通販で購入する場合は確かめるすべがないため，写真で構造をよく見て判断するしかないでしょう．

次にチェックしておきたいポイントは，座ったときに接するおしり，腰，背中，太ももなどに心地良いフィット感があるかどうかです．これは，いうまでもなく長時間のオペレーションを行って

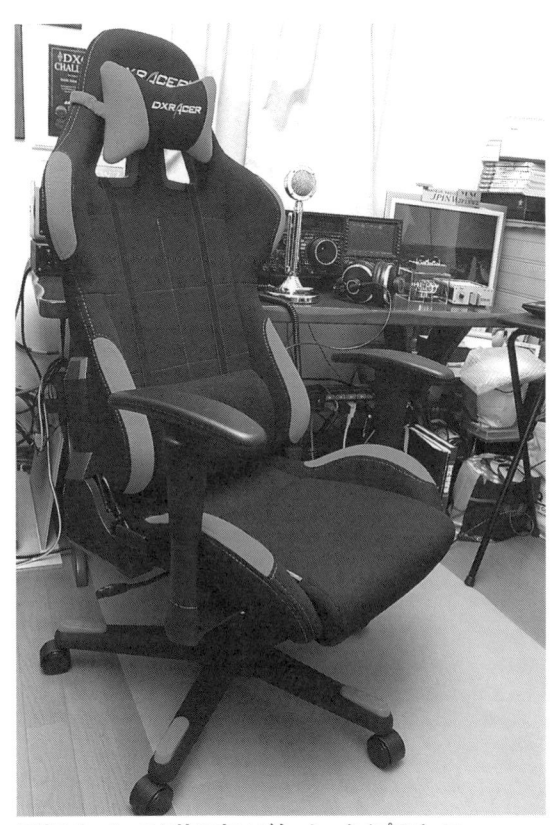

第4章　エクイップメント選びと入手方法

写真4-6　ホールド性の高いバケット・タイプのチェア

写真4-7　座り心地が柔らかいソファー・タイプのチェア

写真4-8　横方向の移動がスムーズにできるベンチ・チェア

も腰やおしりが痛くならず，いかに快適に過ごせるかに関わってくるため，安定感と同様に必ずチェックしておきたいところです．とはいえ，このあたりの感覚は好みや体格によって印象が異なってくるため，可能であれば店舗へ出向いて，形状や硬さが自分の体にフィットするか確かめてみるとよいでしょう．

ちなみに，ある程度ホールド感があって固めの座り心地が好みの方は，最近流行りのエルゴノミクス・タイプやバケット・タイプ（**写真4-6**），比較的ゆったりしていて柔らかめの座り心地が好みの方はソファー・タイプ（**写真4-7**）がオススメです．ただし，硬さについては一般的には硬めのほうが疲れにくいとされているため，長時間のオペレーションが多い方は，この点を考慮して選んだほうがよいでしょう．

また，前述のタイプ以外にも使い勝手の良いチェアがあります．

かつて筆者は，ダイニング・セットで使わなくなったベンチ・チェアを利用していたことがあります（**写真4-8**）．実は，このチェアは意外と便利

シャック構築ハンドブック | 61

写真4-9 腰の悪い方は，リクライニングしないチェアがオススメ

写真4-10 余分な干渉を避けるために肘掛けを外したチェア

なところがあって，おしりを横滑りさせるだけで簡単に横方向へ移動することができるため，デスク上の左右に振り分けて設置してある無線機のどちらにもアクセスしやすいというメリットがあります．しかも，キャスター付きのチェアと違って基本的には置きっぱなしで使うため，チェアの後方にスペースを確保する必要がなく，狭い部屋ではとても重宝します．

このほか腰が悪い方の場合，リクライニング機構の付いた豪華なチェアよりも背もたれが直立しているシンプルなタイプのほうが楽なことがあります（**写真4-9**）．意外と思われるかもしれませんが，これは以前，筆者がギックリ腰を患ったときに理学療法士の方に教えてもらった方法で，このチェアに座ると背筋が伸びて姿勢が良くなるため，腰への負担が減り，とても楽に座ることができました．しかし，キャスターがなく，リクライニング機構や上下の調節機構もないため，常用としては少々物足りなさがあります．したがって，あくまで腰が痛いときの対策用として考えておいたほうがよいでしょう．

チェア選びの注意点

QRZ.COMで海外の素敵なシャックを見ていると，その局のオーナーが大きくて豪華なチェアに誇らしげに腰掛けている画像をよく見かけます．アマチュア無線家にとってシャックは男の隠れ家的な側面があるため，このようなシャックに憧れるのは当然ですが，日本の住宅事情を考えると前述のような大きくて豪華なチェアを導入できるのは，ごく一部の限られた方だけになるでしょう．もちろん，広いシャックを確保できる場合は，このようなチェアを選んでも問題は起きませんが，例えば日本家屋で標準的な広さの6畳部屋では

第4章　エクイップメント選びと入手方法

少々持て余し気味になるため,まずサイズについては,部屋の広さに見合ったものを選ぶ必要があります.

次に用途,デザイン,機能などについてですが,シャックでは事務用かPC用で脚にはキャスターが付いており,リクライニング機能やダンパー式の高さ調整機構が付いているチェアを使用するのが一般的になっています.しかし,このようなタイプでは肘掛けが付いているものが多く,リラックスして座っているときはよいのですが,いざQSOをしようとすると肘掛けがデスクにあたって邪魔に感じることがあります.このため,筆者は取り外して使っていますが(**写真4-10**),肘掛けの有無についてはデスクや周囲のものと干渉しないか,よく調べてから選ぶようにしましょう.

また,柔らかいフローリング・タイプの部屋でキャスター付きのチェアを使うと,傷がついたり,へこんだりすることがあるため,この点には十分に注意が必要です.筆者は,これを回避するために,デスクとチェアの設置エリアに2畳ほどのクッション・フロア・カーペットを敷き詰めています(**写真4-11**).

専用のビニール素材のシートも市販されている

写真4-11　床にクッション・フロア・カーペットを敷けば,傷の心配は不要

ので,フローリング・タイプの部屋でキャスター式のチェアを使う場合は,あらかじめ用意しておくとよいでしょう.

チェアの入手方法

チェアの入手方法は基本的にデスクと同じで,インターネットの通販サイトか実店舗のどちらかになります.

繰り返しになりますが,筆者がチェア選びの際に利用したサイトは,「Amazon」や「Yahoo!ショッピング」などの総合通販サイト,「ニトリ」や「IKEA」などのインテリア＆家具専門サイト,それに事務用品を幅広く取り扱っている

「LOHACO」です．しかし，「チェア選びのポイント」の項でも述べたとおり，チェアは用途，機能，デザイン，素材，サイズ，硬さなど，さまざまな要素があるほか，使う人の好み体格などによって評価が分かれてくるため，デスク以上に店舗で実際に見て座ってみたほうがよいでしょう．

もちろん，チェアを選ぶ際に重要な安定性やガタツキの有無などの基本性能については価格に比例している部分がありますが，仮にデスクを2万円程度で入手した場合は，チェアも同程度の価格帯にすると品質的にもバランスが良くなります．

ちなみに筆者は，ネット通販では座り心地を確かめられないため，インテリア＆家具専門店，ホームセンター，家電量販店などを回り，結局ニトリでPC用のチェアを購入しました．

実際，さまざまな店舗を回るのは時間と手間のかかる作業ですが，チェアは座ったときのフィット感や感触など機能やスペックでは評価できない部分が多いため，やはり実際に店舗へ出向いて選ぶことをオススメします．

4-3　PC編

PC選びのポイント

第1章でも述べましたが，今やPCは無線機と並んでシャックにはなくてはならない存在になりました．しかし，ひとことでPCといっても，本体とモニタで構成されるデスクトップPC（**写真4-12**）や，コンパクトなノートPC（**写真4-13**）など，大きさや形状はさまざまです．どのようなタイプを選んだらよいかはシャックの環境によって異なりますが，シャック用のPCは，通常のPC選びとは少し違った観点で考える必要があります．

まず，スペースの点ですが，ノートPCは省スペースが売りですが，シャックでは無線機をオペレーターの正面に設置することが多いため，PCは左右どちらかにずらして置くことになります．この際，問題となるのは手元のスペースで，例え

写真4-12　デスクトップPCはシャックにベストマッチ

写真4-13　移動時に使うと便利なノートPC

第4章　エクイップメント選びと入手方法

ば奥行きが狭いデスク（600mm程度）を使っていると，画面が手前にきすぎて見づらくなるばかりか，手元も窮屈になってキーボードやマウスなどの操作がやりにくくなります．一方デスクトップPCは，通常，広い設置スペースが必要になりますが，手元に限っていえばキーボードとマウスのスペースだけで済み，しかもこれらを常用する無線機の正面に配置することができます．また，本体は仮に大きなタワータイプであっても足元に置いてしまえば，特に邪魔になることはないでしょう．いちばん問題になるのはモニタの設置スペースと位置ですが，見やすいからといって無線機の上に直にモニタを置くのは，無線機へのダメージを避ける意味でもオススメできません．

　こんなときに便利なのが，デスク編で紹介したモニタ・アームです．これを使えば，モニタは任意の高さや角度に設置することができるうえ，無線機のすぐ上に画面を配置することができるため，視認性が格段に向上します．つまり，シャックで使うPCは，スペース効率の点ではノートPCよりも，むしろデスクトップPCの方に軍配が上がるというわけです．最近は無線関係のソフトやWEB系サービスが充実してきたせいもあって，メインのモニタに電子ログ・ソフトを表示しておき，サブのモニタにクラスタやリグ・コントロー

写真4-14　マルチ・モニタ・オペレーションにするとたいへん便利

ル・ソフトを表示しておくなど，マルチ・モニタ・オペレーションの機会が増えてきました（**写真4-14**）．

　このようなオペレーションをするには，やはり拡張性のあるデスクトップPCのほうが有利で，その意味でもシャックで使うPCはデスクトップのほうがオススメといえます．

スペック

　スペックについては，マルチ・モニタ・オペレーションの機会が増えたといっても，通常ソフトとして動かすのは電子ログ・ソフトやリグ・コントロール・ソフトくらいで，クラスタやコールサイン・データベースはブラウザを起動して閲覧す

る程度のため，さほど高性能なものでなくても十分実用になります．

したがって，中古のWindows7搭載機程度でも十分に事足ります．

OS

OSについては，電子ログ・ソフトの「Turbo HAMLOG」とリグ・コントロール・ソフトの「Ham Radio Deluxe」がWindows版しかないため，これらのソフトを使いたい場合は，MacのOS XではNGとなります．どうしてもMacを使いたい場合は，ブートキャンプなどでWindowsをインストールする手もあるため，必要に応じて検討してみてください．

デスクトップPCで使用するモニタについては，できれば20インチ以上の液晶タイプで，背面にモニタ・アームを取り付けるための穴があいているタイプがベストです．また，マルチ・モニタ・オペレーションをする場合は，画面のサイズと形状を揃えた方が統一感が出るため，可能であれば同じ製品を2台同時に購入することをオススメします．

4-4 周辺機器編

周辺機器選びのポイント

アマチュア無線において無線機とアンテナは欠かせない設備ですが，これらのパフォーマンスを最大限に引き出してクリーンな電波を出すためには，どうしても周辺機器の力を借りなければなりません．

その意味で，シャックには最低限取り揃えておかなければならない周辺機器があります．

とりわけ，HFにQRVしようとするとアンテナ・マッチング関連の周辺機器が必須となるため，ここではそれを想定してPOWER ＆ SWRメータ，ダミーロード，安定化電源，アンテナ・チューナ，同軸切替器，時計などについて解説することにします．

POWER ＆ SWRメータ

最初に揃えておきたいのは，無線機の送信パワーやアンテナのマッチングを測定・調整・監視するためのPOWER ＆ SWRメータです（**写真4-15**）．これは国内外のメーカーから数多くの製品がリリースされていますが，基本的にはご自分が運用する周波数帯と送信パワーに合わせて選べばよいでしょう．とりわけ，気をつけなければならないのは，通常はHF用とV/UHF用のメータが個別に販売されているため，購入する際は，ご自分がQRVする周波数帯と合致しているかです．

当然ながら，どちらの周波数帯にもQRVする場合は，それぞれの周波数帯ごとに取り揃える必要があります．

また，メータは針がシングルのタイプとダブルのクロス・ニードル・タイプ，それに最近はデジタル・タイプもあります．筆者の経験では，送信パワーとSWR値を切り替えなしで直感的に読めるクロス・ニードル・タイプが便利でオススメです（**写真4-16**）．

第4章　エクイップメント選びと入手方法

写真4-15　POWER & SWRメータはシャックの必需品
第一電波工業 SX1000（左）と，コメット CMX-200（右）

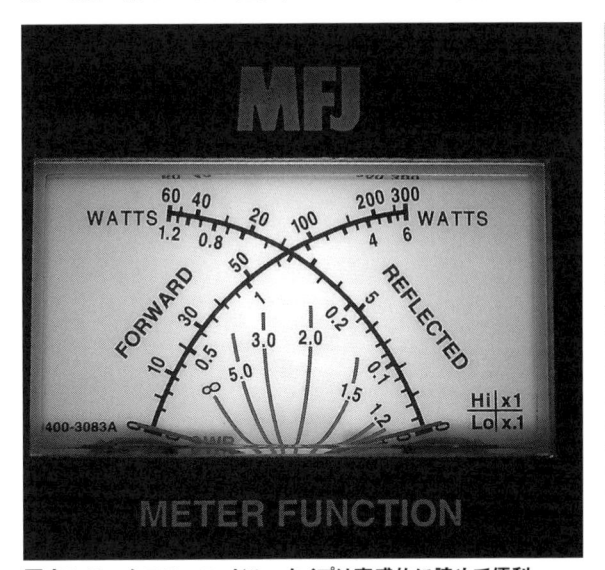

写真4-16　クロス・ニードル・タイプは直感的に読めて便利

ダミーロード（終端抵抗器）

意外と忘れがちな機器ですが，あればとても重宝するのがダミーロードです（**写真4-17**）．これは，無線機の送信テストや調整をする際に便利なアイテムで，アンテナから電波を発射することなく調整などができるため，マナーを守る意味でも持っておくことをオススメします．

ダミーロードには30W，100W，300W，1kWなど，さまざまなスペックの製品があるため，自分

写真4-17　あれば重宝するダミーロード
写真はMFJ-260C（300Wタイプ）

の送信パワーに応じたタイプ（耐圧）を選ぶようにしましょう．

安定化電源

コンパクト機やモービル機の電源は，ほぼ100％の確率でDC 13.8Vを使うため，無線機を動作さ

シャック構築ハンドブック ｜ 67

写真4-18 安定化電源は，コンパクト機や周辺機器使用時の必需品
写真はアルインコ DM-330MV

せるためには安定化電源が欠かせません(**写真4-18**)．ダミーロードと同様に，安定化電源には5A，10A，20A，30Aなど，さまざまなスペックの製品がありますが，例えば50W機を使う場合は20A以上，100W機を使う場合は30A程度の容量を選ぶとよいでしょう．このほか，前述のPOWER & SWRメータの照明やオートマチック・アンテナ・チューナなどを使う際もDC 12～13.8Vの電源が必要になるため，余裕をみて30Aタイプを1台持っておけば，容量不足で悩むことはないでしょう．

また，安定化電源にはスイッチング・レギュレータを使ったものと，トランスを使ったものがありますが，一般的にはトランス・タイプのほうがノイズに強いといわれています．しかし，トランス・タイプはスイッチング・レギュレータ・タイプと比べると重量があるため，これらの要素を総合的に判断して選べばよいでしょう．

アンテナ・チューナ

V/UHF帯のみでQRVする方はあまり必要ないかもしれませんが，HF帯ではアンテナ・チューナが活躍する機会が増えてきます．とりわけ，3.5MHzや7MHzなどのローバンドや短縮率の高いトラップコイル型のアンテナを使用している場合は共振周波数帯域が極端に狭くなるため，どうしてもアンテナ・チューナの力を借りる必要があります．

最近では無線機にオート・アンテナ・チューナを内蔵している製品が増えてきましたが，これは基本的にはファイナル保護用の簡易マッチング・システムであるため，外付けのアンテナ・チューナと比べると適応範囲は狭くなります．したがって，きちんとアンテナのマッチングを取るためにも，別途，外付けのアンテナ・チューナを備えておくことをオススメします．

アンテナ・チューナにはアンテナ直下に設置する直下型と，無線機のそばに設置する据え置き型がありますが，アンテナ直下型はロング・ワイヤやループ・アンテナと組み合わせるマッチング回路(アンテナの一部)のような側面があるため，ここではどのようなアンテナにも使える据え置き型について解説します．なお，据え置き型のアンテナ・チューナには，バリコンとコイルの容量を手動で調整するマニュアル・タイプ(**写真4-19**)と，

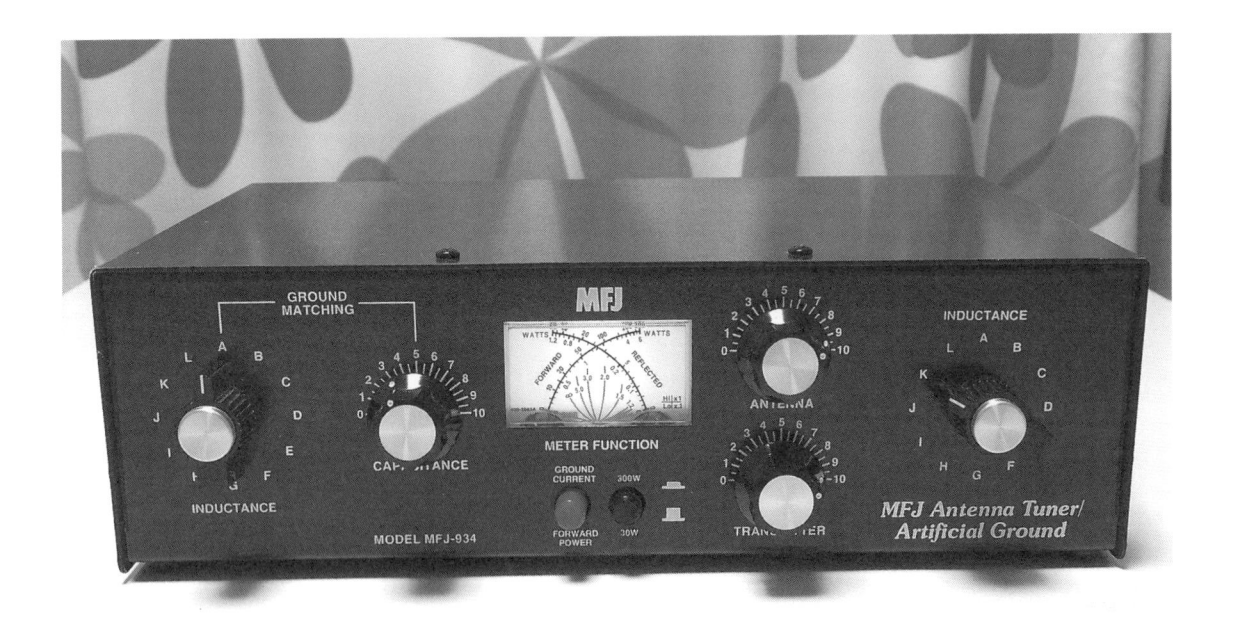

第4章　エクイップメント選びと入手方法

写真4-19　マニュアル・アンテナ・チューナは操作にコツが必要

写真4-20　オートマチック・アンテナ・チューナはボタン一発でチューニングできる

ボタン一つで自動的に調整してくれるオートマチック・タイプ(**写真4-20**)があります．どちらを使用するかは好みの問題もありますが，マニュアル・タイプを使いこなすにはある程度の技量が必要になるため，自信のない方はオートマチック・タイプを選んだほうがよいでしょう．

同軸切替器

　アマチュア無線を長年やっていると，自然と無線機やアンテナの数が増えてくるものです．こうなると無線機とアンテナは1対1の関係からn対nの関係になるため，さまざまな組み合わせを確かめ

シャック構築ハンドブック　**69**

産の1回路2接点のタイプでは，耐入力はHFで1.5kW（周波数が上がっていくと耐入力は低くなる）．周波数はHF～1000MHzまで対応しているため，POWER & SWRメータのように，運用周波数帯や送信パワーごとに使い分ける必要はありません．しかし，海外製品の中にはHF帯専用のものもあるため，あらかじめスペックを確認して購入することをオススメします．

時　計

最近の無線オペレーションではPCを併用することが一般的になっているため，時刻，日付，曜日などの情報は，PCの時計・カレンダー機能から得ることができます．

しかし，何かと忙しいQSO中にマウス操作をし

写真4-21　ポピュラーなタイプの1回路2接点の同軸切替器

てみたくなります．例えば，1台の無線機で3本のアンテナを使い分けたり，これとは逆に1本のアンテナを2台の無線機で使い分けるなど，無線機やアンテナが増えてくるにしたがって，さまざまな組み合わせが可能になるからです．

このようなときに重宝するのが同軸切替器で，1回路2接点（**写真4-21**）のシンプルなものから，6回路6接点（**写真4-22**）の多回路のものまで数多くのタイプがあり，コネクタ形状はM型用とN型用がラインアップされています．

通常，よく使われている国

写真4-22　6回路6接点の同軸切替器
未接続端子はアースに落ちる

第4章　エクイップメント選びと入手方法

るのは面倒なことが多いため，やはりシャックには直感的に読むことのできる時計を装備しておきたいものです．

　時計といっても，比較的大型の壁掛けタイプから，目覚まし機能の付いた小型の卓上タイプまでさまざまなものがあり，表示方法もアナログ式とデジタル式の2タイプがあります．

　まず，大きさやタイプについては，ご自分の好みやシャック環境に応じて選べばよいでしょう．しかし，QSO中は天気や気温などの情報を相手局に伝えることがあるため，時刻，日付，曜日といった基本機能のほかに温度や湿度を表示できるものがオススメです．

　また，DX局とのQSOでは相手国の現時刻を把握しておきたい場面もあるため，DX通信を頻繁にする方はワールドタイムに対応した時計があると重宝します(**写真4-23**)．

　ちなみに，筆者は文字が大きいデジタル式の壁掛タイプを無線機の上のほうにつり下げてあって(**写真4-24**)．仮にQSO中であっても目線を少し動かすだけで直感的に時刻や気温を把握することができます．ともすると時計は見逃しがちですが，シャックにはなくてはならないアイテムの一つといえるでしょう．

写真4-23　DXerにはワールドタイムの時計がオススメ

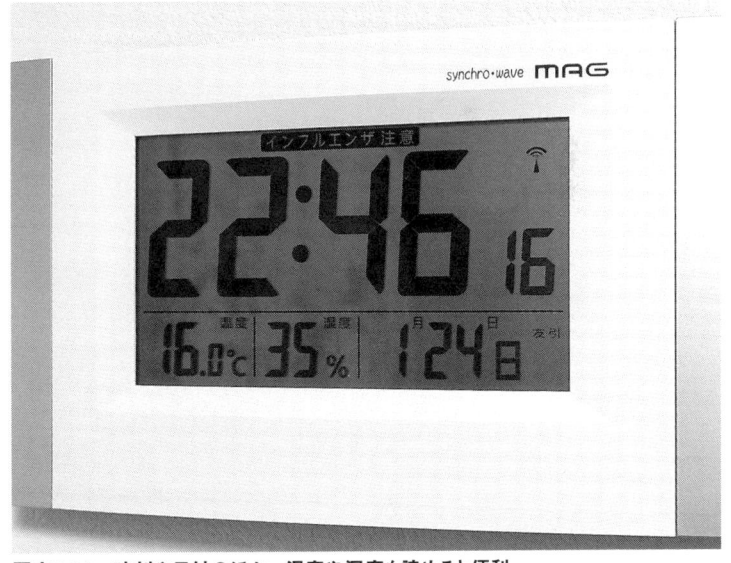

写真4-24　時刻や日付のほか，温度や湿度も読めると便利

シャック構築ハンドブック　71

コラム❼　周辺機器の入手方法

リアル・ショップ（実店舗）

　実店舗での買い物はオーソドックスな入手方法ですが，実機を見ながら店員さんにいろいろ相談できたり，値引き交渉ができる点などが魅力といえます（**写真4-A**，**写真4-B**）．

　しかし，周辺機器は各メーカーからさまざまなモデルがリリースされており，大型のショップであってもすべての商品が在庫しているとは限りません．

　たまたま欲しいと思っていた商品が在庫していれば，すぐに持ち帰って使えるメリットがありますが，在庫がない場合は注文して取り寄せてもらうか，諦めて帰らなければならず，その点では不確定要素があるのは確かです．

　また，近年では東京であってもアマチュア無線の専門店が減っていて，必ずしも自宅の傍に店舗があるとは限りません．

　その場合は時間を掛けて遠くまで出向かなければならず，効率的な購入方法とはいえない側面があります．したがって，実店舗を利用する場合は，あらかじめ自分の欲しい商品が在庫しているか確認してから出掛けたほうがよいでしょう．

ネット・ショップ（ネット通販）

　近年のネット・ショップの台頭ぶりには目を見張るものがありますが，それは実店舗のところで述べたように非効率な部分がなく，多忙であっても少し待つだけで，自宅にいながらにして商品を入手できるという点が好まれているからでしょう．

　また，ネットショップではリリースされているほとんどの商品がラインアップされているうえ，がんばって探せば，なかなか入手できないニッチな商品でも入手できる可能性があります．

　さらに，ショップによって販売価格，送料，発送方法などの条件が異なっているため，多くのショップから自分の条件にピッタリ合ったショップを選べるところも，ネット・ショップのメリットといえるでしょう．

　したがって，どうしても実機を確認したいなど特別な理由がない場合は，ネット・ショップで購入するほうが便利で簡単といえます．

　そこでここでは，アマチュア無線の周辺機器をネット通販しているショップをいくつか紹介しておきましょう．

写真4-A　実機を見て，触って，選べるのが実店舗の良いところ

写真4-B　視聴会などでは，お店のスタッフはもちろんのこと，メーカーの方からも情報を得ることができる

第4章　エクイップメント選びと入手方法

■ CQオーム

　無線機，アンテナ，周辺機器，ケーブル，アクセサリーなど，アマチュア無線に関わるほとんどの商品が入手できる，豊富な品揃えが特徴のショップ．発送も迅速で多くの方が利用しています．

CQオーム
http://www.cqcqde.com/shop/

■ JACOM e-SHOP

　海外製品を広く輸入販売している日本通信エレクトロニック(株)のネット・ショップ．周辺機器に限らず，アンテナ，測定器，小型無線機など幅広いカテゴリの商品を取り扱っています．取扱商品の中には海外のレアな商品もあるため，一見の価値ありといえます．

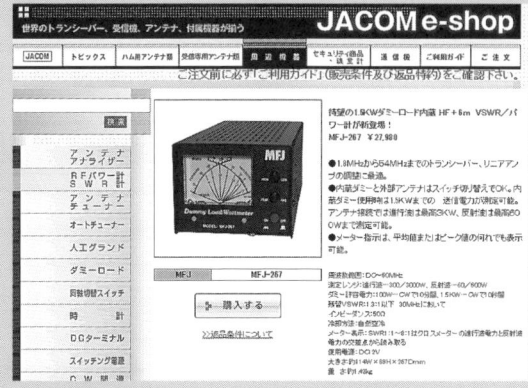

日本通信エレクトロニック
http://www.jacom.com/e-shop/index.html

■ ラジオパーツジャパン

　HEXビームやスパイダー・ビームなど興味深いアンテナを取り扱っており，海外製周辺機器の品揃えも充実しています．リニア・アンプやハイパワー対応のパーツ類も扱っているため，DXerやマニアにとっては重宝するショップといえます．

ラジオパーツジャパン
http://www.radio-part.com/

■ Ham Radio Outlet

（http://www.hamradio.com/index.cfm）

　筆者がよく利用しているアメリカのネット・ショップ．本場アメリカの商品を中心に無線機，アンテナ，周辺機器，ケーブル，アクセサリーなど，CQオームと同様に豊富な品揃えが特徴のショップ．日本にも直接発送してくれるため，海外製品が欲しい場合はとても便利なショップです．

Ham Radio Outlet
http://www.hamradio.com/index.cfm

シャック構築ハンドブック | 73

第5章
インフラ関連の構築

デスクやチェアなどのエクイップメント選びが終わった後は，シャックのライフ・ラインともいうべきインフラ関連の構築に移ります．ここでいうインフラ関連とは，同軸ケーブルの挿入口，同軸切替器，電源設備，各種フィルタ類，インターネット環境など，シャックを後方からサポートする設備のことを指します．ここでは，これらインフラ関連の構築方法，注意点，アイデアなどについて解説することにします．

5-1 同軸ケーブルの挿入口

ハンディ機のみで運用するケースを除いて，アマチュア無線を始めようとすると，アンテナに接続された同軸ケーブルを室内に引き込む必要があります．実は，これは意外と苦労する部分で，現在開局している多くの方が悩んだ経験があるのではないでしょうか．そもそも一般的な建物は，このようなシーンを想定して造られていないため当然といえば当然ですが，それだけに同軸ケーブルを引き込む作業はシャック構築における最大の難関といってもよいでしょう．

では，同軸ケーブルをどのような方法で室内に引き込めばよいか解説することにしましょう．

既存の穴を利用する

最近は賃貸・分譲を問わず，鉄筋コンクリートでできたマンションなどに住んでいる方が増

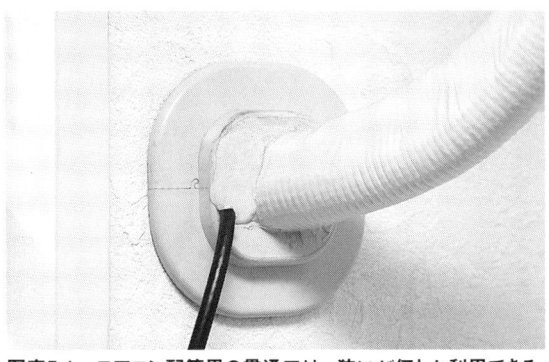

写真5-1 エアコン配管用の貫通口は，狭いが何とか利用できる

写真5-2 通気口は形状によって多くのケーブルを通すこともできる

えてきましたが，この種の建物では，あらかじめエアコン配管用の貫通口（**写真5-1**）や通気口（**写真5-2**）はあいているものの，新たに穴を空けるのは100％不可能といえます．また，木造であっても賃貸のアパートなどでは，基本的に新たに穴をあけることはできません．したがって，このような建物に住んでいる場合は，エアコン配管口や通気口など既存の穴を利用して同軸ケーブルを引き込む必要があります．

とはいえ，都合の良い場所に穴がなかったり，隙間が狭くて複数または太い同軸ケーブルを通すことができない場合もあります．

まず，無線機用のデスクの近くに引き込み用の穴がない場合は，部屋の模様替えをしてデスクを穴の近くに移動するか，同軸ケーブルを長く引き回して対処するしか方法はないでしょう．また，利用する穴の径が小さくて複数の同軸ケーブルを通せない場合は，アンテナをマルチバンド対応のものにして，同軸ケーブルの本数が増えないようにするか，壁に通す部分は3D-2Vなどの細い同軸ケーブルに変更するなどの工夫が必要です．

しかし，エアコン配管口や通気口はあったとしても，稀にどうしても同軸ケーブルを通せないことがあります．

この場合は，窓のサッシやドアの隙間をすり抜けるようにケーブルを沿わせて通すことのできる製品（**写真5-3**）があるので，それを使用することで問題は解決できます．ただし，この製品は耐入力がHF帯のSSBで150W，430MHz帯のFMで30Wしかないため，ハイパワーでの運用には不向きといえます．

新規に穴をあける

例え自己所有の一戸建てであっても，壁に穴をあけるというのは少々抵抗があるものです．したがって，まずは「既存の穴を利用する」のところで解説した方法を試みるとよいでしょう．

しかし，同軸ケーブルの本数が多かったり，どう考えても既存の穴からの引き回しが不便な場合は，新たに同軸ケーブル用の穴をあけなければなりません．

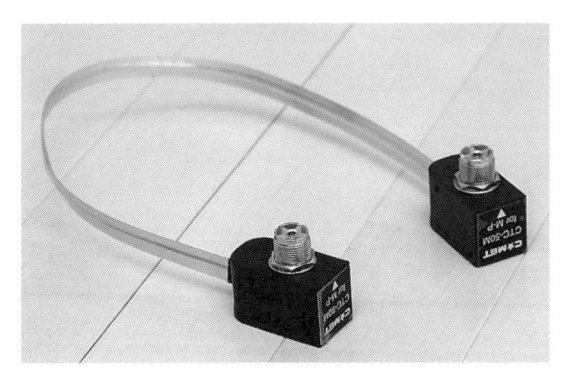

写真5-3 隙間ケーブルを使えば，穴がなくてもOK

写真5-4 新規に穴をあけて，同軸ケーブルを通したようす

ちなみに，筆者は自己所有の一戸建てに住んでいますが，5Dと8Dクラスの同軸ケーブルを8本，これに加えてローテーター用のケーブルを2本通す必要があったため，思い切って同軸ケーブル用の穴をあけることにしました(**写真5-4**)．

新規に穴をあける場合は，基本的には好きな位置を選べますが，壁の内側には筋交いや電源ケーブルなどが通っているため，あらかじめ設計図をじっくり見て，これらと干渉しない場所を選ぶ必要があります．また，筆者のように多くのケーブルを通す場合は，最低でもφ60mm～75mm程度の穴をあけなければならないため，ホルソーなどの専用工具(**写真5-5**)を使ったほうがよいでしょう．こうすることで苦労することなく，きれいな穴をあけることができます．

一般的な木造住宅の場合，部屋側の壁は二重構造になっており，外壁との間に断熱材が埋め込まれていますが，ホルソーを使えば3枚の壁はもちろん，断熱材も切り取ってくれるため，想像以上にあっけなく穴があきます(**写真5-6**)．ホルソーであけた穴には，壁の保護と雨水などの侵入を防ぐため，部屋側の壁と外壁にエアコン配管用のダクトを取り付けます(**写真5-7**)．

もちろん，換気用のダクトを使ってもよいのですが，構造を見るとダクトの内側に網が張ってあったり，口が格子状になっているものが多いため，多くの同軸ケーブルを通す場合は，エアコン配管用のダクトを利用したほうがよいでしょう．

なお，ダクトを取り付けた後は，雨水の侵入を防ぐためにダクトの外周にたっぷりコーキング剤を打つことと，虫などの侵入を防ぐために同軸ケーブルと穴の隙間に断熱材などを詰め込むことを忘れないようにしましょう．

写真5-5 電動ドリルに取り付けた75mm用のホルソー

写真5-6 ホルソーを使うと，簡単にきれいな穴を空けることができる

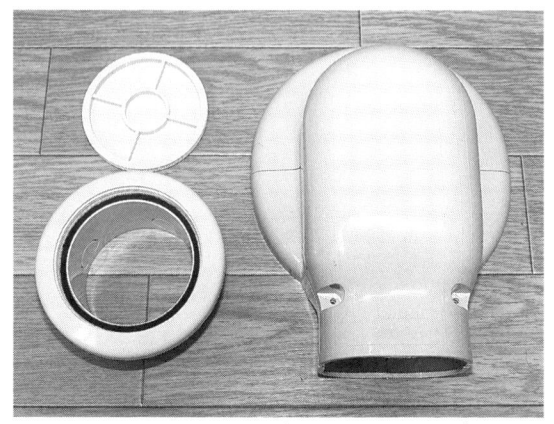

写真5-7 エアコン配管用のカバー．中間にはスリーブを入れる

5-2 電源設備

電気を使って電波を発射するアマチュア無線では，電源関連は重要な設備の一つといえます．

通常，部屋には2個口のコンセント・プレートが2か所ほどしかありませんが，デスクの設置位置などの関係で現実的には1か所しか使えないことがほとんどです．アマチュア無線では無線機をはじめ，周辺機器，PCなど数多くの機器を使うため，当然2個口のコンセントだけでは不足します．このような場合は，差し込み口がたくさん付いているPC用のテーブルタップ(**写真5-8**)を利用して増設するのが一般的で，仮に6個口のテーブルタップを2組使えば全部で12個口になるため，通常はこれで十分といえるでしょう．ただし，コンセント・プレート1個で使えるのはせいぜい20A～30A程度であるため，差し込み口がたくさんあるからといって一度にすべての機器を使用するのは避けるようにしましょう．

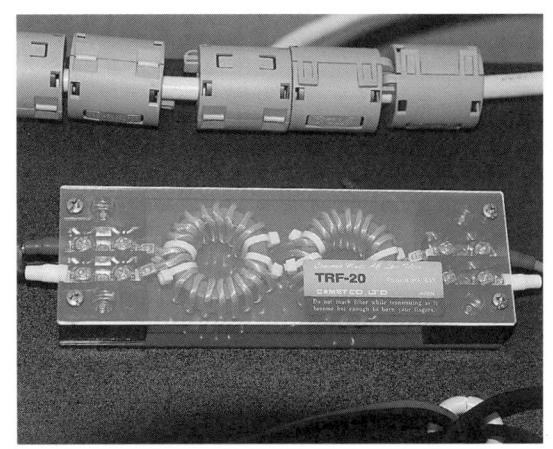

写真5-9 市販のACライン・フィルタ．これは20Aタイプ

ちなみに，コンセント・プレートの差し込み口を増やすために内部を触る場合は，電気工事士の資格が必要になるため注意が必要です．つまり，資格がない人はコンセント・プレート自体は触れないため，テーブルタップなどで増設しなければなりません．

また，電波が電源ラインに乗ってインターフェアを起こす可能性もあるため，ノイズ対策を兼ねて，電源にはフィルタを取り付けるなどの対策をしておいたほうがよいでしょう．

一般的には市販のACライン・フィルタ(**写真5-9**)を使えばよいと思いますが，トロイダル・コアやフェライト・コアを利用して自作することもできます(**写真5-10**)．比較的簡単にできるため，腕に自信のある方は自作してみてはいかがでしょうか．

また，真空管式のリニア・アンプなどを使う場合は，200Vを使ったほうが動作は安定します．通常，コンセントには100Vしかきていませんが，

写真5-8 テーブルタップはスイッチ付きのものを使うと便利

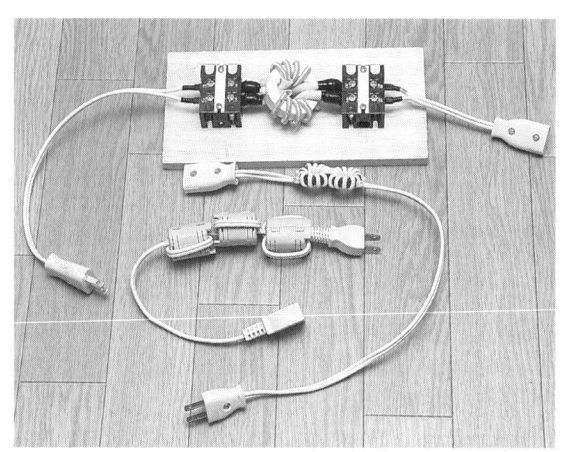

写真5-10 トロイダル・コアを使って自作したACライン・フィルタ

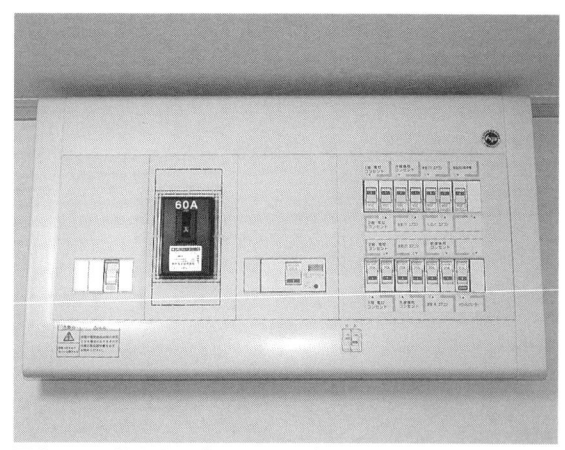

写真5-11 筆者宅のブレーカー・ボックス

ブレーカに単層3線式で引きこまれている場合は，宅内工事のみで簡単に200Vのコンセントを増設できます．ただし，この場合も工事は電気工事士の資格が必要になるため，資格がない方は専門業者に依頼することをオススメします．

一方で単層3線式であっても，シャック専用に引くことで，電流容量を気にせず，安心して無線を楽しむことができます．キロワット級のリニア・アンプを使用する場合は，こちらの方法で電圧と電流アップを図ったほうがよいでしょう．筆者は100V使用ですが，余裕を持たせるため契約アンペア上限の60Aにしてあります．

5-3 各種フィルタ類

最近の無線機はスプリアス対策がしっかりしているため，インターフェアの発生は少なくなりました．とはいえ，アンテナのマッチング状態が悪かったり，ケーブル類の接触不良や取り回し方などでインターフェアが発生する可能性もあります．とりわけ，HF〜50MHzで100W以上のパワーを出す場合は，自分の家では障害が出ていなくても，ご近所のお宅で障害が発生する可能性があるため，転ばぬ先の杖としてインターフェア対策をやっておく必要があります．

無線機のスプリアス対策が進んでいるとはいえ，まず導入しておきたいのはインターフェア対策の定番ともいうべきローパス・フィルタです（**写真5-12**）．ローパス・フィルタとは，文字どおり指定周波数より低い周波数はほとんど減衰することなしに通過させ，指定周波数より高い周波数は遮断するフィルタのことです．このためハイカット・フィルタとも呼ばれていて，例えば指定周波数が30MHzの場合，HF帯の周波数は通過しますが，インターフェアで問題となる30MHz以上で発生する高調波は遮断してくれるというわけです．

次に最近注目されているコモンモードについてですが，これは簡単にいうと同軸ケーブルとグラウンドの間に浮遊容量が生まれることで高周

第5章　インフラ関連の構築

写真5-12　ローパス・フィルタはインターフェア対策の定番

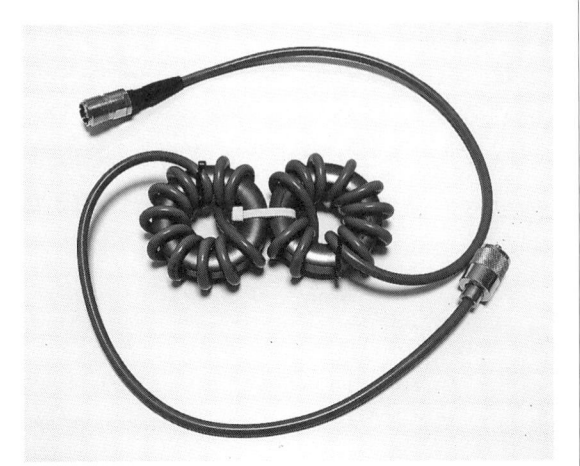

写真5-13　トロイダル・コアを使って自作したコモンモード・フィルタ

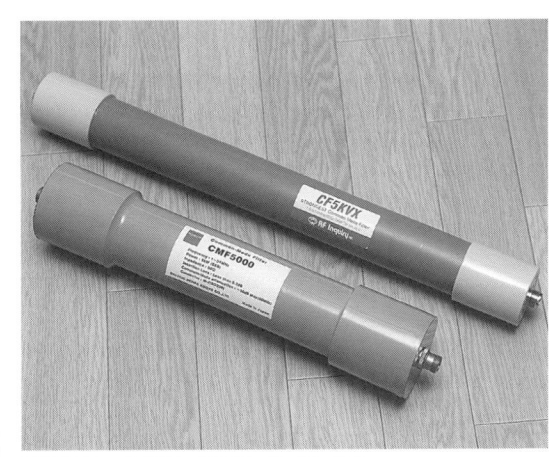

写真5-14　市販のコモンモード・フィルタ

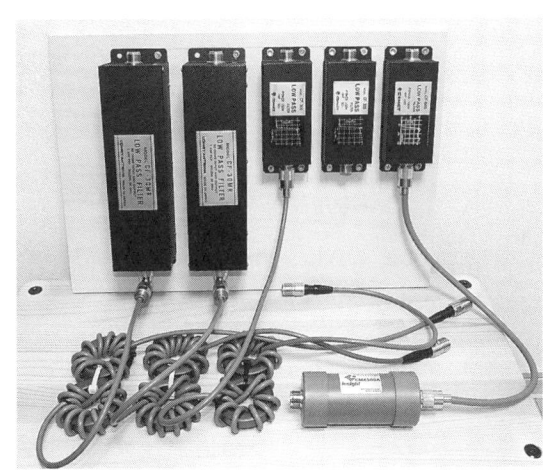

写真5-15　筆者が自作したフィルタ用のパネル．集約しておくと便利だ

写真5-16　スピーカ・コードに装着したフェライト・コア

波電流が発生する現象で，これがインターフェアやノイズの発生源になるというわけです．このような原因で発生するインターフェアを抑えてくれるのがコモンモード・フィルタ（**写真5-13**，**写真5-14**）で，シャックでは無線機とアンテナの間にローパス・フィルタと組み合わせて使うのが一般的です（**写真5-15**）．ちなみに，筆者は自作しましたが，完成品やキットも市販されているため，とりわけインターフェアが発生しやすいHFや50MHzにQRVする方は，ローパス・フィルタとセットで導入しておいたほうがよいでしょう．

シャック構築ハンドブック　79

一方でノーマル・モードといって，周辺機器との接続ケーブルや電源ケーブルなどでは機器内の閉回路を介して逆方向の電流が発生してノイズ源となることがあるため，これを抑制するためにケーブル類にフェライト・コアを装着しておいたほうがよいでしょう（p.79，**写真5-16**）．

なお，インターフェアにはさまざまな種類と症状があり，JARL（日本アマチュア無線連盟）のWebサイト（**http://www.jarl.org/Japanese/7_Technical/clean-env/filter.htm**）でも詳しく解説しているので，不幸にして発生した場合は，これらを参考にして対策を行ってみることをオススメします．

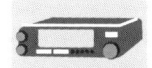

5-4　インターネット環境

本書では何度も無線とPCの関係を解説してきましたが，当然ながらシャックにもインターネット環境がないと，せっかく用意したPCを100％活用することができません．最近はWi-Fiの技術が発達したおかげで，家庭内に無線LANの設備があれば，ほとんどの場合は問題が起きることはなくなりました．しかし，鉄筋でできたマンションや広い家ではWi-Fiでの接続が不安定になることがあるため，このような場合は何らかの対策が必要になります．

まず，いちばん確実な方法といえばルータからLANケーブルを引き回してPCに接続する方法が考えられますが，これは宅内に余分な配線をしなければならないため，手間や美観の点からも避けたいものです．このような場合に便利なのが，ハイパワー・タイプの無線LANルータ（**写真5-17**）で，わずか数万円の投資をするだけで，今まで不安定だった場所でもしっかりWi-Fiを利用できるようになります．

また，既存の無線LANルータに子機（中継機）を増設して対応する方法もあります．実際，筆者のシャックではWi-Fiの電波が弱かったため，LANポートを備えた子機をシャックに置いて対応しました（**写真5-18**）．このようにシャックを構築する際は，インターネット環境についても忘れないように手当する必要があります．

写真5-17　ハイパワー・タイプの無線LANルータ．アンテナが特徴的

写真5-18　無線LANルータ用の子機．ここからLANケーブルで接続する

第5章　インフラ関連の構築

コラム❽　同軸ケーブルの取り入れ方法

■ JA8EIU 本田さんの例

　冒頭のスタイル集でもご紹介したJA8EIU 本田さんのシャックでは，美観を損なわないためにさまざまな工夫が施されていますが，同軸ケーブルの引き込み方法にも独自のアイデアが生かされています．

　本田さんのシャックは，リフォームを機にオレンジ色の壁紙を張ったり，壁に収納スペースを作るなど部屋の基本的な部分にも手を入れています．それと並行して行われたのが同軸ケーブルの引き込み口の施工で，屋根から下ろした同軸ケーブルを専用のダクトから天井裏へ引き込み(**写真5-A**)，シャックの天井裏から部屋の角を添わせるように床へ落としています(**写真5-B**)．また，天井から床面までの間はダクトの中を通し，同軸ケーブルはいっさい露出しないようになっています(**写真5-C**)．さらに，ダクトの外側には壁と同様のオレンジ色の壁紙が張られ，そこに同軸ケーブルが通っているとは思えないほどの一体感があります(**写真5-D**)．

　ただし，これはリフォームに合わせて施されたものであるため，通常はここまで完璧な施工はできないでしょう．

　とはいえ，同軸ケーブルをダクトでブラインド化するアイデアは，すでに同軸ケーブルを引き込んであったとしても，電気配線用のダクトやエアコンの配管カバー（室内用）を使えば実現することができます．同軸ケーブルの露出が気になっている方は，この方法でブラインド化を試してみてはいかがでしょうか？

写真5-A　同軸ケーブルの取り入れ口
換気用ダクトを使って，センス良く取り入れている

写真5-B
同軸ケーブルを天井裏から床面まで下すためのダクト
言われなければ気づかないほどきれいな仕上がり

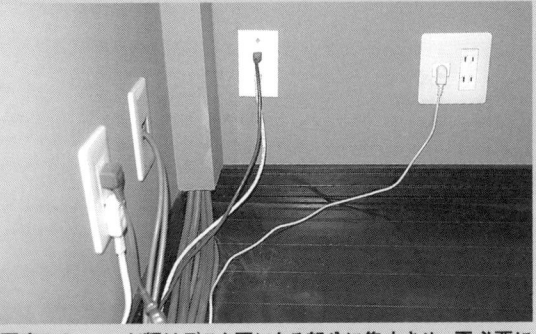

写真5-C　コード類はデスク下になる部分に集中させ，不必要に引き回さない設計

写真5-D　矢印で示した部分に同軸ケーブルが通っている
ケーブル類を露出させないと，部屋の雰囲気は一気におしゃれになる

コラム❾ 機能的シャック・スタイル集 ▶ Shack❽

窓越しに見える風景もシャック構築のポイント

▶キャンピング・カーやモーター・サイクルでの旅行も楽しむ

N7MA Avakianさんのシャック　Shack❽

　アメリカのワシントン州郊外の美しい森に囲まれた場所にあるシャックには，古くからのアマチュア無線家ならば誰もが憧れたコリンズSラインとエレクラフトK3ラインを設置しています．

　いかにもアメリカらしい機器構成で，外の景色も欧米ならではのものといえるでしょう．

　皆さんの中には，このような落ち着いた環境で無線を楽しみたいと考える方も少なくないはず．都会の住環境では到底実現できそうもないですが，セカンド・シャックならば十分に可能性はあるでしょう．

82　シャック構築ハンドブック

第5章　インフラ関連の構築

▲森の中のシャック
このような環境で無線をやるのは誰もが憧れるところ

◀N7MA Mark T Avakianさん
写真撮影も趣味の一つ

シャック構築ハンドブック | 83

第6章
機器の配置方法

インフラ関連の構築が終了したら，いよいよシャック構築の最終章といえる機器の配置を行います．これまで解説してきたシャックの基本設計，デスクの配置，ファニチャーや周辺機器の選び方，インフラ関連の構築がしっかりできていても，機器の配置が乱雑になっていると本書の基本コンセプトとなっている"機能的で美しいシャック"を実現できません．そこでここでは，数ある機器をどのように配置したら機能的で美しいシャックを構築できるのか，さまざまな観点から解説します．

6-1 配置の基本的な考え方

シャックには無線機をはじめ，安定化電源やPOWER & SWRメータといった周辺機器，PC関連機器など数多くの機器があるため，しかるべき位置に整理して配置する必要があります．また，それぞれの機器で使用している接続ケーブルは，きちんと整理しておかないと美観を損ねるばかりか，接触不良やときにはインターフェアの原因にもなってしまいます．

とはいえ，本書のコンセプトになっている「機能的で美しいシャック」を構築するには，単に持っている機器を整然と並べたり，ケーブル類を束ねたりするだけでは実現できません．つまり，それぞれのエリアに意味を持たせることで機能性を高めながら，ケーブル類はできるかぎり露出させないような工夫が必要になるというわけです．

例えば無線機をたくさん持っている場合は，同

写真6-1　無線機は周波数帯や重量のバランスを考えて配置する

第6章　機器の配置方法

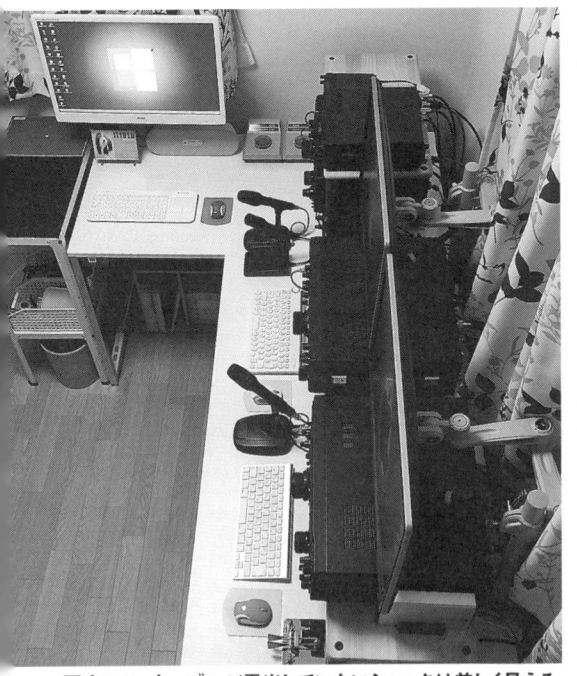

写真6-2　ケーブルが露出していないシャックは美しく見える

写真6-3　無線機はこの程度の高さのラックに載せると使いやすい

じ大きさで，かつ同じ周波数帯のものを寄せて配置したり，重量配分や視覚的なバランスを考えて大きくて重い無線機は下の方に配置するなど（**写真6-1**），実用性と見た目を両立させなければなりません．また，どんなに高級な無線機を使っていても，ケーブル類がごちゃごちゃ露出しているとシャックの印象や品格を一気に損なってしまうため，美しいシャックを構築しようとする場合は，いかにケーブル類の露出を抑えるかが重要なテーマとなってきます（**写真6-2**）．

では，シャックに山のようにある機器やケーブル類は，具体的にどのように配置したり，整理したりすればよいのでしょうか．まずは，無線機から順を追って解説することにしましょう．

無線機

シャックの顔ともいえる無線機は，VFOを回し たり，メータを呼んだり，音量ボリュームを調整したり，当然ながら触る機会がいちばん多い機器といえます．このため，メインで使う無線機は普段座る位置の正面に配置するのがセオリーで，高さについてはデスクに直に置くと目線より下になって見づらくなってしまうため，前側の脚を高めにセットするか，適切な高さのラック（**写真6-3**）などに載せるとよいでしょう．

また，サブ以下の無線機については，基本的には手が届いて操作パネルの文字が見える位置に置くのが理想ですが，無線機がたくさんある場合は普段座る位置を中心にして，使用頻度の高い順に配置するとよいでしょう（p.86，**写真6-4**）．

マイク

無線機にマイクは付きものですが，どんなに高級な無線機を買っても，付属しているのはハンド・

写真6-4　筆者はL字コーナー付近を中心にして無線機を配置している

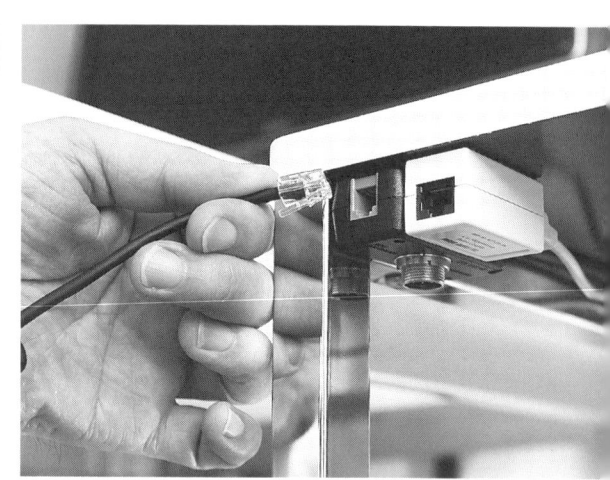

写真6-6　モービル機は，必要なときだけデスク脇のマイク・ジャックに挿して使う

マイクというのが通例です．例えばシャックに5〜6台の無線機があるとすると，必然的にその台数分のハンド・マイクが存在することになるため，デスクの空きスペースを侵食するばかりか，おにぎりのような形のマイクがごろごろと転がっている風景は，お世辞にも美しいとはいえません．

このため，筆者は固定機ではスタンド・マイクとマイク切替器を利用して，1本のマイクを複数台の無線機に振り分けて使っています（**写真6-5**）．また，モービル機では，延長ケーブルと中継コネクタを利用してデスクの端にマイク・ジャックを作り（**写真6-6**），必要なときだけハンド・マイクを挿して使うようにしています．こうすることでハンド・マイクがデスク上に散乱することを回避できるうえ，スタンド・マイクの見栄えの良さも手伝って，整然としたシャックに見えるようになります．

PC関連機器

PCの配置方法については，第4章でも詳しく解説しましたが，筆者の場合はメインで使っている2台のHF機の上にモニタ・アームを利用してモニタをセットしてあるため，無線機もPCもたいへん使い勝手の良い環境になっています（**写真6-7**）．

また，キーボードとマウスは有線タイプのもの

写真6-5　マイク切替器を使ってマイクの本数を減らすとスッキリする

第6章　機器の配置方法

写真6-7　このように配置すると無線機もPCも使い勝手は抜群

写真6-8　キーボードとマウスは小型のものを使うとスペースを圧迫しない

写真6-9　デスクトップの本体は足元に置けば邪魔にならない

を使うと，デスク上にコードが露出するうえ，ちょっとした移動の際もコードが付いていると邪魔になるため，どちらも小型の無線タイプのものを使っています（**写真6-8**）．小さなことですが，こうすることでシャックの使い勝手や見栄え，さらにはデスク上のスペース効率が良くなるため，ぜひ実践することをオススメします．

なお，筆者のPCはデスクトップ・タイプのため，足元の邪魔にならない位置に設置していますが（**写真6-9**），仮に小型のものであってもデスク上に配置するのはオススメできません．なぜならば，筆者が推奨するシャック構築では，デスク上には無線機，スタンド・マイク，パドル，キーボード，マウスといった頻繁に操作する動的な機器を集中させ，PC本体のようなめったに操作しない静的な機器は多少離れた場所にあっても問題ないという考え方があるからです．

周辺機器

ひとことに周辺機器といっても，安定化電源，POWER & SWRメータ，アンテナ・チューナ，同軸切替器，マイク切替器などがあり，それぞれ

シャック構築ハンドブック | 87

の形状，大きさ，役割なども異なります．したがって，これらの機器をどのように配置するかによって，シャックの使い勝手や見栄えが大きく変わってきます．

　PC関連機器のところでも解説しましたが，ほとんどの周辺機器はめったに操作しない静的機器に分類されるため，デスク上に無理やり配置するよりも足元など比較的スペースを確保しやすい場所へ配置したほうがよいでしょう．ちなみに，筆者のシャックではデスク上に無線機，スタンド・マイク，パドル，キーボード，マウス，オートマチック・アンテナ・チューナといった動的機器を集中させ，静的機器にあたる周辺機器は足元にカラー・ボックスを置いて，そこへ集中的に配置しています（**写真6-10**）．このようにすることで，デスク上にはスペース的な余裕が生まれるため，それぞれの機器の使い勝手が向上するうえ，見た目にもスッキリした印象を与えることができます．

ケーブル類の取り回し方

　アマチュア無線で使用するケーブル類は，同軸ケーブルをはじめ，AC用やDC用といった電源コード，機器と機器を結ぶ各種コード類など，さまざまな種類のものがあります．これを機能的に，しかも美しく配置するには，実はかなりの労力と時間が必要になりますが，ここで手を抜くと見栄えが悪くなってしまうばかりか，回り込みなどの厄介な不具合が発生する可能性もあるため，これまで以上に慎重に取り組む必要があります．

　まず，同軸ケーブルについては，余分な損失やスペースを抑える意味でも余った同軸ケーブルはぐるぐる巻きにせず，基本的にはワンターン程度の余裕を持たせたうえで機器と最短距離で接続することをオススメします．とはいえ，あまりケチるとカーブしている部分が狭角になって断線したり，コネクタ部分に負担が掛かって接触不良を起

写真6-10　静的機器の周辺機器は足元のカラー・ボックスに収納

写真6-11　アンテナ側のコネクタは足元の同軸切替器で集中管理

第6章　機器の配置方法

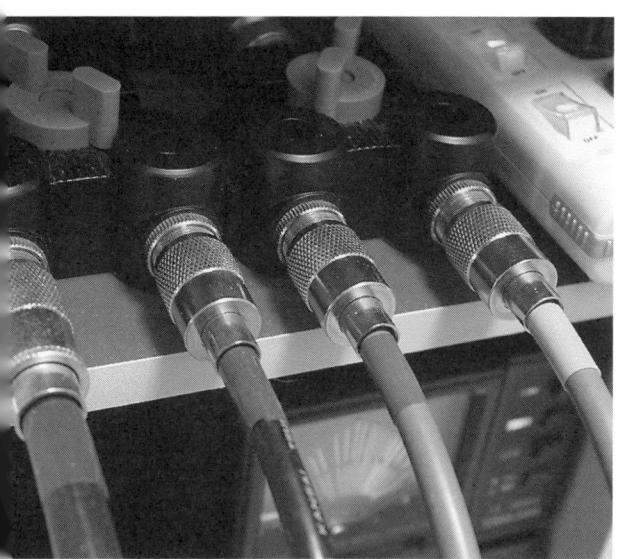

写真6-12　コネクタの根本には違う色のテープを張って切り替えミスを防止

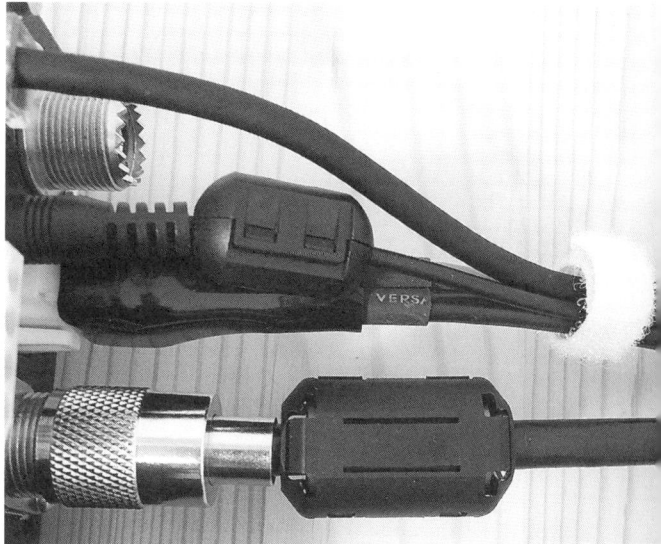

写真6-13　ノイズ対策のため同軸ケーブルにはフェライト・コアを取り付ける

こすこともあるため，とりわけカーブする部分は，少し余裕を持たせておいたほうがよいでしょう．

　また，筆者のシャックではアンテナ側の同軸ケーブルは，すべて足元に配置した同軸切替器を介してアンテナ・チューナや無線機に接続しています（**写真6-11**）．このような取り回し方にしておくと，雷が発生した際や長期不在の際は，足元に配置した同軸切替器のコネクタを取り外すだけでアンテナを切り離すことができるため，万一の際もすぐに対応できてたいへん便利です．さらに，複数のアンテナと複数の無線機を同軸切替器で集中的にコントロールしているため，操作ミスを防ぐ意味で，それぞれのコネクタの根本に異なる色のビニル・テープを巻き付けてあります（**写真6-12**）．

　なお，第5章の各種フィルタ類のところで解説したとおり，同軸ケーブルと機器の接続部分にはノーマルモードのノイズが発生する可能性があるため，念のためフェライト・コアを取り付けておくことをオススメします（**写真6-13**）．

　次に電源コードについてですが，まずACコードは通常1.8m程度の1本ものであるため，特に取り回しで問題になることはありません．一方のDCコードは複数のケーブルで構成されているうえ，長さも2〜3mと比較的長いため，本数が増えてくるとごちゃごちゃ感が増幅されます．これらのコードをすべて安定化電源の端子に取り付けてしまうと，いわゆるタコ足配線になってしまうため，見栄えが悪くなることは必至です．

　こんなときに便利なのがDCケーブル用ターミナルで，これを利用するとタコ足配線は一気に解消できるうえ，DCケーブルの余分な露出を抑えることができます（p.90，**写真6-14**）．また，安定化電源にケーブル端子を取り付ける際，端子の位置が下の方に付いているとケーブルが床と干渉して取り付けづらいことがあります．このため筆者は，安定化電源の底面に3〜4cmほどのスペーサを入れて，端子の位置が高くなるようにセットし

シャック構築ハンドブック | 89

写真6-14　DCターミナルを使えばDCケーブルを一括管理できる

写真6-15　安定化電源の下にスペーサを入れて端子の使い勝手をアップ

ています（**写真6-15**）．こうすることで，端子の取り付けが楽になるうえ，ケーブルがなめらかな曲線を描いて床面を這うことになるため，見栄えの面でもメリットが出てきます．

　最後に機器と機器を結ぶコード類ですが，まず無線機やアンテナ・チューナなど，接続端子が背面に付いている機器はコードが露出することはないため，特別な処置は必要ありません．気にしなければならないのは，無線機の前面に接続するマイク・ケーブルで，例えカール・コードであっても露出していると目立ってしまいます．このため筆者は，無線機の嵩上げをするために設置したラックの下にマイク切替器を置いて，カール・コードの露出が最小限になるようにしています．また，無線機とマイク切替器を結ぶコードは，無線機の下を通すことで目立たないようにしています（**写**

写真6-16　マイク・コードは無線機の下を通して，無駄な露出を抑える

90　シャック構築ハンドブック

第6章　機器の配置方法

写真6-17　散乱しがちな工具類は，100円ショップのカゴに入れて整理

写真6-18　作業用ラックの天板にゴムシートを貼ると，機器を傷つけない

真6-16)．

なお，機器と機器を結ぶコード類には，同軸ケーブルと同様にノーマルモードのノイズ対策として，フェライト・コアを取り付けることをオススメします．

工具と作業用ラック

自作はほとんどしないという方であっても，アマチュア無線をやる以上，最低限の工具とテスタなどの測定器は必要になります．当然ながら，これらのツールを使った後はきちんと仕舞っておかないと踏んづけてケガをしたり，機器にあたって傷ついたりするため，できれば所定の位置に整理しておいたほうがよいでしょう．

工具類はドライバーをはじめ，ニッパ，ラジオペンチ，時計用ドライバー，ピンセット，はんだゴテ，はんだなど細々としたものが多いため，筆者は頻繁に使う工具類とテスタを100円ショップで買ったカゴに入れて保管してあります(**写真**

6-17)．こうしておけば見た目にもきれいなうえ，ローカル局にはんだ付けなどの作業を依頼された際も，カゴごと持っていけば事足りるため，たいへん重宝しています．

また，シャック内で無線機の調整や清掃を行う際は，デスクに傷や汚れをつけないためにも別途，作業用ラックを用意したほうがよいでしょう．ちなみに，筆者の作業用ラックはホームセンターで買った金属製ラックですが，機器が滑ったり，傷ついたりしないように天板にゴムシートを貼り付けてあります(**写真6-18**)．ちょっとしたことですが，このような作業用ラックさえあれば，気軽に同軸ケーブルのコネクタをはんだ付けしたり，小物を自作することができるため，ぜひシャックの片隅に備えておくことをオススメします．

もちろん，本格的に自作や機器の調整をしたい方は，筆者のような簡易的なラックではなく，作業用として専用デスクを用意したほうがよいでしょう．こうすることでデスク上にオシロスコープ，

シャック構築ハンドブック | 91

周波数カウンタ，スペアナなどの測定器を配置できるようになるため，作業性がアップするうえ，ますますシャックらしい佇まいになることは請け合いです．

シャックならでは備品

無線機，周辺機器，PC関連機器などの配置が完了したら，次はシャック構築の総仕上げとして，シャックならではの備品といえるQSLカード，無線局免許状，コールサイン・プレート，アワード，DXCCマップなどの配置も考えてみましょう．

まず，QSLカードについては，長年アマチュア無線に携わっていると大量に集まってくるため，整理や置き場所に苦労してくるものです．シャックが広ければ，例えば衣装ケースなどに入れて積み上げておけばよいのですが，おそらく多くの方はそのような方法を取れないでしょう．このような場合は，届いたQSLカードを画像化してハムログと連携しておけば，いつでも閲覧できるうえ，取り込んだQSLカードは別の場所へ保管することもできます．いちいち画像化するのはたいへんかもしれませんが，もしこの方法に興味があるならば，QSLカードが少ないうちにトライしておいたほうがよいでしょう．

無線局免許状，コールサイン・プレート，アワード，DXCCマップなどについては，基本的にはデスクや壁などの好きな位置に飾っておけばよいでしょう．例えば，自分のコールサインが入った無線局免許状，アワード，コールサイン・プレートなどを飾ると（**写真6-19**），いかにも「自分の城」的な感覚が得られるため，人によってはモチベーション・アップに繋がるかもしれません．ちなみに，筆者は写真用スタンドを利用して，自分のQSLカードをデスクの片隅に置いてありますが，これは結構気に入っています（**写真6-20**）．

ただし，これには個人の好みがあるため，スッキリ見せるために，いっさい飾らないという選択肢もあります．

写真6-19 アワードを飾ると，シャックの雰囲気がグッと締まる

写真6-20 コールサイン・プレートの代わりに，QSLカードを飾るのもあり

第6章　機器の配置方法

6-2　便利グッズの活用法

卓上ラック

　卓上ラックについては，無線機の配置方法のところでも少し解説しましたが，これを有効活用することで，デスク上の機器は機能的で美しい配置を実現することができます．とはいえ，複数段のラックをデスクに載せてしまうと，頭でっかちに見えてしまうばかりか，重量配分の点でもアンバランスになるため，あまりオススメできません．仮に多くの無線機を所有していて，どうしても複数段の卓上ラックに載せなければならない場合は，その土台となるデスクも相当丈夫なものに変更したほうがよいでしょう．

　素材については金属製のものは丈夫で良い点もありますが，環境によっては厄介な静電誘導などを引き起こす可能性があるため，できるかぎり木製のものを使用したほうがよいでしょう．

　筆者が利用している木製の卓上ラックは，ホームセンターで見つけたものですが，天板のサイズや脚の長さを自由に選んで組み立てることができ，しかも天板の耐荷重は1枚あたり30kgもあるため，大きなHFの固定機を載せるには打ってつけの仕様になっています(**写真6-21**)．

　ちなみに，サイズは横幅1200mmのデスクに合わせるため，横幅600mm，奥行300mmのタイプを2組購入して，それぞれのラックにHFの固定機を1台ずつ載せて使っています．このサイズならば，やや大きめのFT DX 5000やTS-990Sも載せられるうえ，耐荷重の点でも余裕があるため，卓上ラックを選ぶ際の参考していただければ幸いです．

　一方，脚の長さは無線機を載せたときの操作性や視認性を考えて100mmタイプのものを使用しています．実はこの高さは絶妙で，無線機の操作性や視認性が良くなるのはもちろん，デスクと卓上ラックとの間に約90mmの空間ができるため，

写真6-21　耐荷重30kgの卓上ラックならば，重いHF機を載せても安心

写真6-22　卓上ラックでかさ上げしたスペースは，小物の収納に最適！

オートマチック・アンテナ・チューナやマイク切替器を配置するには絶好のスペースになります（**写真6-22**）．アンテナ・チューナやマイク切替器といえば，とかく置き場所で悩みがちな機器ですが，卓上ラックの下にきっちり収まるとデスク・スペースに余裕が生まれるうえ，同軸ケーブルや接続コードがうまい具合に隠れるため，とてもスッキリした印象を与えることができます．

そして，この高さの卓上ラックにHFの固定機を載せて，その上にモニタ・アームを利用してPC用モニタを配置すると，それぞれの機器が理想的な位置関係になるため，たいへんスムーズなオペレーションが可能になります．

ここで紹介した卓上ラックのサイズや周辺機器の配置方法は（**写真6-23**），筆者イチオシの方法であるため，ぜひ実践していただき，その使い勝手と見栄えの良さをリアルに体感してみてください．

カラー・ボックス

PC関連機器や周辺機器のところでも解説しましたが，筆者が推奨するシャック構築では，頻繁に操作する無線機，マイク，パドル，アンテナ・チューナ，キーボード，マウスなどの動的機器はデスク上に配置して，めったに操作しない安定化電源，POWER & SWRメータ，スピーカ，PC本体などの静的機器は足元などに配置しています．つまり，すべての機器をデスク上に配置しようとせず，シャック内をエリア単位で役割分担することで，機能性と美しさの両立を図っているというわけです．

このうち，静的機器を足元に配置するために利用しているのがカラー・ボックスです．カラー・ボックスには，さまざまな段数のものがありますが，筆者は横幅1200mmのデスクの足元にきっちり収めるため，高さ900mmの3段タイプを横向きに寝かせて使っています（**写真6-24**）．また，カラー・ボックスに配置した機器のケーブル類をスムーズに通すため，背面の目隠し板を取り外して組み立てています．本来カラー・ボックスは，このような変則的な使い方をしないため，筆者と同じ

写真6-23 空間を上下に使い分けるのは，筆者イチオシの収納方法

写真6-24 周辺機器は3段タイプのカラー・ボックスを横倒しにして収納する

第6章　機器の配置方法

ような使い方をする場合は，できるかぎり板の厚さがあって，しっかりした構造のものを選ぶ必要があります．

　この方法でデスクの足元にカラー・ボックスを配置すると，デスク上に配置した機器から伸びるケーブル類がうまい具合に隠れるため，見栄えの点ではたいへんメリットがあります．しかし，機器の移動やケーブルの差し替えをする際は，逆にアクセスが難しくなるため，カラー・ボックスの底面に，床の傷防止で使うフェルト製のクッションを数か所に貼り付けて，少しの力で簡単に滑るようにしてあります（**写真6-25**）．こうしておけば，万一カラー・ボックスの裏側で作業しなければならない場合でも，労せずにアクセスすることができます．この方法はカラー・ボックスに限らず，デスクや卓上ラックにも応用可能であるため，いくつかのサイズのクションを常備しておくことをオススメします．

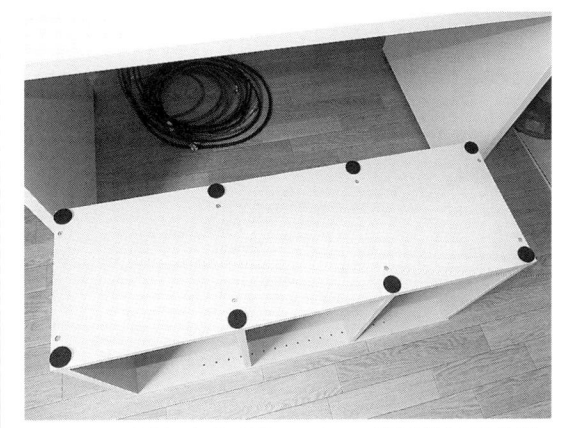

写真6-25　底板に傷防止用のクッションを貼り付けておけば，移動もらくらく

100円ショップのグッズ

　筆者は，安価で便利なグッズがたくさんある100円ショップには足繁く通っていますが，ここで仕入れたいくつかのグッズはシャックでも大活躍しています．

　まず，とかく散乱しがちなケーブル類を束ねる際は，必ず100円ショップの結束グッズを使っています．筆者が好んで使っているのはマジックテープ・タイプ（**写真6-26**）で，これは任意の長さに切れるうえ，何度も再利用できるため，とても便利です．再利用できるタイプにはビニール製の結束バンドもありますが（p.96，**写真6-27**），こちらは比較的，結束力が強いため，同軸ケーブルや電源コードなど固くて太いケーブルを束ねるときに

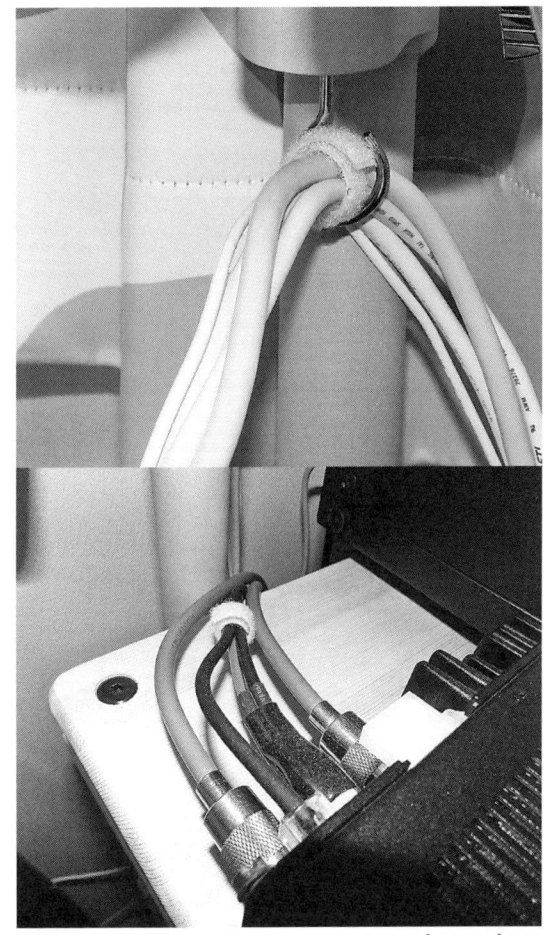

写真6-26　コードを束ねるときは，マジックテープ・タイプが便利

シャック構築ハンドブック | 95

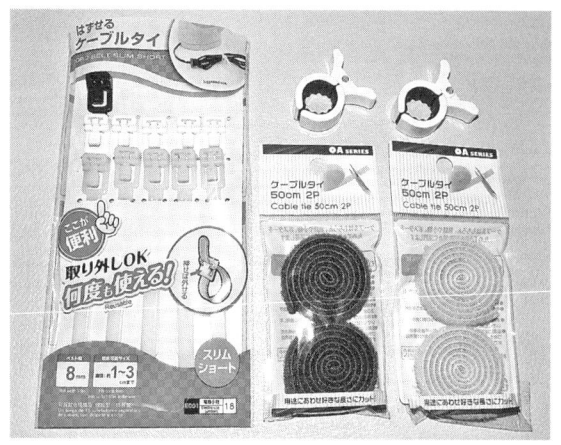

写真6-27 ビニル製の結束グッズは再利用できるため重宝する

写真6-28 マニュアル類はA4の書類ボックスを利用して整理・保管する

使っています．結束グッズには，園芸用として使う中心に針金が入っているものから前述のマジックテープ・タイプまで，さまざまなものがありますが，シャックで使う場合は不要な誘導を起こさないためにも金属成分を含んでいるものは避け，再利用できるタイプを選ぶとよいでしょう．

次は100円ショップの主力商品ともいえるプラスチック製の収納ボックスで，こちらも用途によってさまざまなタイプがあります．

筆者は，まずマニュアル類を一括で管理・整理するためにA4サイズの書類ボックスを使っています(**写真6-28**)．こうしておくとマニュアルが汚れたり，曲がったりすることなく保管でき，必要なときにさっと取り出せるため，とても気持ち良く使うことができます．このほか，小型の引き出しボックスを小物入れとして使ったり(**写真6-29**)，本来はCDの収納ボックスをパーツ箱として使ったり(**写真6-30**)，細々としたものを整理したい場合は，100円ショップの収納ボックスはたいへん重宝するため，ぜひ利用することをオススメします．

写真6-29 小型の引き出しボックスは小物の整理に便利

写真6-30 CDの収納ボックスは，パーツ箱として使うとジャストサイズ！

第6章　機器の配置方法

コラム⑩　筆者のシャックで使いやすさを体験!

　筆者のシャックでは，デスクに低めのラックを設置して，その隙間にアンテナ・チューナやマイク切替器などを配置．無線機はラックの上に置き，さらに無線機の上にモニタ・アームを利用してモニタを配置しているのが特徴です．また，無線機の調整や簡単な工作をするために小さな工作台をシャックの片隅に置いてあり，作業をするときはやりやすい場所へ移動して使っています．

　このように配置してあるのは，狭いスペースを有効活用しながら，機能的で美しいシャックにするための苦肉の策といえます．とはいえ，実際に使ってみると，とても使い勝手が良いため，ここでは実際に操作しているようすをいくつか紹介することにしましょう．

無線機はデスク面より少し高くすると操作性や視認性がアップする．PCモニターも目線の高さになっているため，スムーズなオペレーションが可能だ

こちらはV/UHF帯のエリア．HF機と同様，背の低いラックを配置して，モービル機は操作パネルを切り離して使いやすい角度にセットしてある

工作台でコネクタのはんだ付けをしているようす．デスクの足にはテーブルタップを取り付けて，はんだごてなどの電源を取りやすくしてある（写真右下）

複数のPCを使う場合，手元はキーボードやマウスで占領されてしまいがちだが，筆者は切替式のキーボードを使って，スペース効率とスッキリ感のアップに努めている

シャック構築ハンドブック　97

第7章

総 括

最終章となるこの章では，本書をご覧いただいた皆さんへの感謝の気持ちを込めて，筆者からのメッセージをお伝えします．また，今後皆さんがシャック構築を行う際に目標や参考としていただけるように，筆者が選りすぐった海外局の素晴らしいシャックをご紹介します．なお，本書の製作にあたっては，数多くの方からご協力をいただきました．最後に，その方々のコールサインとお名前を掲載させていただきます．ご協力どうもありがとうございました！

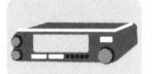

7-1 環境に合ったベストな構築をしよう

　本書は，これから新たにシャックを構築する方やリニューアルを考えている方を対象として，機能的で美しいシャックを構築することの意義をはじめ，設計方法，アイテムの選び方，配置方法などを数多くの写真やイラストを混じえながら，さまざまな観点から解説してきました．

　これらの多くは，筆者が再開局を果たした2012年から現在（2016年）に至るまでに，試行錯誤を繰り返して得たノウハウやアイデアを元に解説しているもので，これがすべての人にとって100％正しい回答かどうかは，それぞれが置かれている環境や価値観によって違うかもしれません．

　しかし，本書で紹介しているノウハウやアイデアは，実際に運用している中から生まれた極めて実践的なものであるため，パーツごとに見ていけばシャック構築の際は必ずヒントになることがあるはずです．

　「はじめに」のところでも述べたとおり，機能的で美しいシャックを構築すると周囲からの評価が上がるばかりか，ご自身のアマチュア無線への情熱や意欲も自然と高まってくるため，今後も末永く続けていくための良い契機となるでしょう．そのためにも，本書で紹介したノウハウやアイデアを参考にして，ご自分の環境に合った素晴らしいシャック作りをしていただければ幸いです．

第7章　総括

7-2　海外局のシャック紹介

　さて，本書の締めくくりは，筆者がピックアップした海外局のシャックを紹介することにしましょう．

　海外局のシャックは，日本の住環境では到底マネのできないような広大なスペースに，まるで無線機の博物館のように草創期の無線機から最新機までズラリと並べている局もあれば，比較的コンパクトなスペースでありながら，日本では見ることのできない素敵なファニチャーを使ってセンス良く仕上げている局もあります．

　筆者がシャック構築に力を入れ始めたのは，QRZ.COMで海外局のシャックに憧れたのがきっかけだったため，ここで紹介する海外局のシャックにも，それなりの魅力とヒントが隠されているはずです．本書を手に入れた皆さんも，ここに掲載されている写真を見ることで，さまざまなインスピレーションが湧いてくることを期待して，本書での最後のメッセージとさせていただきます．

Special Thanks

- JA1PFP 吉田 孝
- JH1OXX 雨宮　誠
- JA8EIU 本田 澄夫
- K4SWJ William D McDowell
- PY4BZ Fernando Cesar Laguardia
- JF1KMC 貝塚 考亘
- VK6IA Andrew Albinson
- N7MA Mark T Avakian
- AB1OC Fred Kemmerer
- AB1QB Anita J Kemmerer
- VE6WZ Stephen J Babcock
- N4FNB Randal J Hall
- G0SEC James Curtis
- W2PA Christopher F Codella
- EA5AX Pedro Gonzalez
- KG7YC Perry Lusk
- EI7BA John Tait
- OT4A Theo Bemelmans
- W9EVT George E Ulm

（掲載順，敬称略）

AB1OC / AB1QB

AB1OC Fred Kemmererさん，AB1QB Anita J Kemmererさん，ご夫妻のシャック
シャックのために専用設計した部屋にコの字型デスクを配置してあり，ダブル・オペレーションでも使いやすいレイアウトとなっている

シャック全景
それぞれのエリアには無線機の上にモニタを3台ずつ設置してあり，まさに筆者が推奨する無線機＋PCの配置となっていて，中央の壁には大型LCDを埋め込んであり，そこに伝搬状況などが表示される仕組み

第7章　総　括

AB1OC Andrewさんの運用風景
モニタが目の高さと同じ位置にあり理想的なポジションといえる．キーボードとマウスはデスク下に収納するタイプを採用．こうするとデスクを広く使え，キーボードやマウスも手元にあるため操作がしやすい

◀**AB1QB Anitaさんの運用風景**
Andrewさんと同様，中央にメインの無線機とモニタを配置．現在はキーボードやマウスをデスク下に収納してあり，手元はもっとスッキリしている

シャック構築ハンドブック | 101

VE6WZ

VE6WZ Stephen J Babcockさんのシャック
柔らかいオレンジ色の照明でライトアップされた間接照明を使用し，ぐっと落ち着いた雰囲気になっている

N4FNB

◀N4FNB Randal J Hallさんのシャック
自作のラックに多くの機器を効率良く収めてあり，天板に埋め込んだ照明は，手元の操作性アップに一役買っている

第7章 総括

G0SEC

▶G0SEC
James Curtis
さんのシャック
機器のサイズに
合わせて製作し
たラックを使って
いるため，とても
整然とした印象
を受ける．
音作り関連の
機器も圧巻の
充実ぶり

W2PA

◀W2PA
Christopher
F Codellaさん
のシャック
いかにもアメリ
カらしい落ち着
いた雰囲気が
特徴．
目線の高さに
設置されたド
レークは，かつ
てアメリカを代
表する無線機
メーカの一つ

シャック構築ハンドブック | 103

EA5AX

EA5AX Pedro Gonzalezさんのシャック
正面に5台のモニターを設置しているところが特徴．無線機を1台に絞ってシンプルにまとめるのもよいかもしれない

KG7YC

KG7YC Perry Luskさんのシャック
デスク，ラック，壁に木材が使われていてシックな印象を与える．メインテナンス・スペースもきっちりラックに収まっていて，とても整然としている

第7章 総括

EI7BA

▶EI7BA
John Taitさん
のシャック
屋根裏部屋の
ようなスペース
に整然と配置さ
れているところ
が印象的．
デスクの下から
背面へアクセ
ス可能となって
いて，メインテ
ナンスもやりや
すい

OT4A

◀OT4A Theo
Bemelmansさ
んのシャック
グレーとホワイト
の色調でスマー
トさが際立つ．
高さを抑え，横
に展開する配
置方法は使い
勝手の良さに
貢献する

シャック構築ハンドブック | 105

W9EVT

W9EVT George E Ulmさんのシャック
思わず息を飲んでしまうほど壮観な眺め．家一軒がまるごとシャックになっていて，世界的にも有名なシャックだ

ほかの部屋にはコリンズをはじめとする往年の名機が整然と並べられている
OMならばよだれが出そうなものばかり!

第7章　総括

▲ずらっと並んだデスクの反対側からGeorgeさんを見ると，豆粒のように見えてしまうほど広大なスペース
世界に目を転じるとスケールの大きさに驚かされる

▶ガレージのようなスペースにはオールド・リグが山のように積まれている
まるで無線機の博物館のような風景だ

シャック構築ハンドブック | 107

索 引

数字，アルファベット

100円ショップ ― 91, 95, 96
4.5畳 ― 39, 40, 41, 42
6畳 ― 43, 44, 45, 46
8畳 ― 47, 48, 49, 50
ACライン・フィルタ ― 77, 78
CQオーム ― 73
CW ― 25
DR-735 ― 25
DXSCAPE ― 18
FT DX 3000 ― 28
FT DX 5000MP Limited ― 30
FT-991 ― 32
Ham Radio Deluxe ― 66
Ham Radio Outlet ― 73
HF～UHFまでカバーする運用スタイル ― 31
HF運用 ― 33
HFコンパクト運用スタイル ― 27
HFスタンダード運用スタイル ― 28
HF本格運用スタイル ― 31
IC-7100 ― 26
IC-7300 ― 33
IC-7600 ― 29
IC-7851 ― 30
IC-9100 ― 27
JACOM e-SHOP ― 73
JARL ― 78
JCC ― 17
JCG ― 17
J-クラスタ ― 18
LAN ― 80
LOHACO ― 59
L字型 ― 35, 46, 50, 54
Mac ― 66
ON-AIR ― 5
OS ― 66
OS X ― 66
PC ― 17
PC用ラック ― 6, 39
POWER & SWRメータ ― 14, 66, 87, 94
QRT ― 20
QRZ.COM ― 15
QSLカード ― 5, 92
QSO ― 15
QTH ― 17
SSB ― 25
Sメータ ― 16
TS-480 ― 28
TS-590S ― 29
TS-990S ― 30
Turbo HAMLOG ― 17, 66
V/UHFコンパクト運用スタイル ― 24
V/UHF本格運用スタイル ― 26
V/UHFミニマム運用スタイル ― 24
Wi-Fi ― 80
Windows ― 66

あ

青写真 ― 14, 22, 23
穴あけ加工 ― 37
アワード ― 92
安定化電源 ― 14, 67, 68
アンテナ ― 21, 74, 75
アンテナ・アナライザ ― 14
アンテナ・システム設計図 ― 22
アンテナ・チューナ ― 68, 69, 88, 89, 90, 94
一戸建て ― 31, 76
移動運用 ― 26
移動式無線ラック ― 23
インターネット環境 ― 80
インターフェア ― 16, 57, 78, 79, 80
インデックス ― 4
インテリア＆家具専門店 ― 60, 64

索引

インフラ	74
運用スタイル	20, 24
エアコン配管口	37, 75
エクイップメント	56
エルゴノミクス・タイプ	61
エントリー機	29
大型マンション	31
オールバンド	32
オールモード運用	26
オールモード機	27, 32
大人の隠れ家	6, 62
オペレーション・デスク	48

か

家電量販店	60, 64
カムバック・ハム	20
カラー・コーディネート	34
カラー・ボックス	88, 94, 95
干渉	16
キーボード	19, 65, 87, 88
機器レイアウト	22
気象観測装置	5
基本設計	36
キャスター	62, 63
キャビネット	4
居住タイプ	27
クッション・フロア・カーペット	63
クラスタ	18
グレードアップ	10
クローゼット風	6
クロス・ニードル	66
結束グッズ	95, 96
工作台	42
合成樹脂	57, 60
コーキング剤	76
コールサイン	14
コクピット	8
固定機	15, 27
コモンモード・フィルタ	79

コンセント・プレート	38, 77
コンディション	31
コンパクト機	26

さ

再構築	14
作業用ラック	91
サッシ	52
実店舗	60, 72
シミュレーション	36
事務用デスク	15
事務用品	59
シャック・デザイン	22
周辺機器	15, 66, 87
スイッチング・レギュレータ	68
据え置き型	68
スタンド・マイク	26, 86, 88
スピーカ	94
スプリアス	16
スペック	65
挿入口	21, 74
側板	59
ソファー・タイプ	61

た

耐荷重	31, 58
ダイニング・セット	60
卓上ラック	93
ダクト	76, 81
タコ足配線	89
タッチ操作	33
ダミーロード	67
断捨離	27
断熱材	76
チェア	60, 62, 63
直射日光	37
直下型	68
賃貸住宅	37
通気口	37, 75

通販サイト	59, 63	ベランダ	52
テーブル	15	ベンチ・チェア	61
テーブルタップ	77	ホームセンター	60, 64
デスク	56, 57, 58, 59, 60	ホルソー	76
デスクトップPC	19, 64, 65		
鉄筋住宅	37	**ま**	
電源設備	77	マイク・ジャック	86
電光板	5	マイク切替器	34, 86, 94
天板	56, 58	マウス	19, 65, 87, 88
同軸切替器	53, 88	マジックテープ	95
同軸ケーブル	21, 74, 75, 81	マッチング	14
時計	70, 71	マルチ・オペレーション	47, 49
トランス	69	マルチ・モニタ・オペレーション	65
トロイダル・コア	79	マルチパーパス・モデル	33
		無線LANルータ	80
な		モービル運用	26
ネット・ショップ	72	モニタ・アーム	20, 58, 86, 94
ノートPC	20, 64, 65		
ノーマル・モード	78	**ら**	
		ライセンス	14
は		ラグチュー	26
ハイカット・フィルタ	78	ラジオパーツジャパン	73
配管口	37	リアル・ショップ	72
配置方法	84	リグ・コントロール	17
背面アクセス	51, 52	リクライニング機構	62
パイルアップ	19	リサイクルショップ	60
バケット・タイプ	61	リニア・アンプ	54
パソコン	17	リビングルーム	21
パドル	26, 87, 88	レイアウト・ソフト	36
ハンディ機	24, 74	ローパス・フィルタ	78
ハンド・マイク	86		
ビルトイン	8	**わ**	
ファニチャー	56, 60	ワールドタイム	71
ファミリータイプ	31	ワンルーム・マンション	24
フェライト・コア	77, 79, 80		
物理的要件	24		
ブラインド化	81		
ブレーカ・ボックス	78		
フローリング・タイプ	63		

著者紹介

小原裕一郎（JI1DLD）

　1958年大分県別府市生まれ，東京都葛飾区在住．
　マーケティング・コンサルタント，フリーランス・ライター．
　子供のころから壊れたテレビや家電製品を分解して遊んでいた根っからの機械好き．中学生のころに3球ラジオを作ったのがきっかけでBCLに熱中．高校1年生（1974年）のときに電話級を取得して開局し，10年ほどHFと50MHzでQRVしたのちQRT．2012年に約30年のブランクを経てカムバックを果たす．開局当時，一生懸命アルバイトをして購入したFT-101への強い思い入れがあるため，再開局した現在も八重洲無線の機械を中心に使用．最近はHFを中心に430MHzまで幅広い周波数でQRVしている．

■ **本書に関する質問について**

文章，数式，写真，図などの記述上の不明点についての質問は，必ず往復はがきか返信用封筒を同封した封書でお願いいたします．勝手ながら，電話での問い合わせは応じかねます．質問は著者に回送し，直接回答していただくので多少時間がかかります．また，本書の記載範囲を超える質問には応じられませんのでご了承ください．

質問封書の郵送先
〒112-8619 東京都文京区千石4-29-14　CQ出版株式会社
「シャック構築ハンドブック」質問係 宛

● **本書記載の社名，製品名について** ── 本書に記載されている社名および製品名は，一般に開発メーカーの登録商標です．なお，本文中では™，®，©の各表示は明記していません．

● **本書記載記事の利用についての注意** ── 本書記載記事は著作権法により保護され，また産業財産権が確立されている場合があります．したがって，記事として掲載された技術情報をもとに製品化するには，著作権者および産業財産権者の許可が必要です．また，掲載された技術情報を利用することにより発生した損害などに関しては，CQ出版社および著作権者ならびに産業財産権者は責任を負いかねますのでご了承ください．

● **本書の複製などについて** ── 本書のコピー，スキャン，デジタル化などの無断複製は著作権法上での例外を除き，禁じられています．本書を代行業者などの第三者に依頼してスキャンやデジタル化することは，たとえ個人や家庭内の利用でも認められておりません．

[JCOPY]〈(社)出版者著作権管理機構委託出版物〉
本書の全部または一部を無断で複写複製（コピー）することは，著作権法上での例外を除き，禁じられています．本書からの複製を希望される場合は，(社)出版者著作権管理機構（TEL：03-3513-6969）にご連絡ください．

シャック構築ハンドブック

2016年4月1日　初版発行　　　　　　　　　　　　　　　　　　　　　　　　　© 小原 裕一郎 2016
　　　　　　　　　　　　　　　　　　　　　　　　　　　　　　　　　　　（無断転載を禁じます）

　　　　　　　　　　　　　　　　　　　　　　　　著　者　　小　原　裕一郎
　　　　　　　　　　　　　　　　　　　　　　　　発行人　　小　澤　拓　治
　　　　　　　　　　　　　　　　　　　　　　　　発行所　　ＣＱ出版株式会社
　　　　　　　　　　　　　　　　　　　　　　　　〒112-8619　東京都文京区千石4-29-14
乱丁，落丁本はお取り替えします　　　　　　　　　　　　　　電話　編集　03-5395-2149
定価はカバーに表示してあります　　　　　　　　　　　　　　　　　販売　03-5395-2141
　　　　　　　　　　　　　　　　　　　　　　　　　　　　　　　　振替　00100-7-10665

ISBN978-4-7898-1581-9　　　　　　　　　　　　　　　　　　編集担当者　　萩原 利一
Printed in Japan　　　　　　　　　　　　　　　　　本文デザイン・DTP　㈱コイグラフィー
　　　　　　　　　　　　　　　　　　　　　　　　　　　印刷・製本　三晃印刷㈱